New Wun Ching Developmental Publishing Co., Ltd.

New Age · New Choice · The Best Selected Educational Publications — NEW WCDP

第**4**版

工作研究
方法、標準與設計

編著

劉伯祥　徐志宏
賈棟忠　曾賢裕

WORK STUDY
Methods, Standards and Design

Fourth Edition

Work Study:
Methods, Standards and Design

四版序
PREFACE

　　工業工程(industrial engineering)是研究如何分析複雜系統並建立模型從而改進系統績效的學科。與傳統工程學及數理學科不同，這一領域的重點在於研究決策者如何在複雜系統中解決問題與改進績效的作用。傳統上，工業工程師的工作集中在設計、執行、評估，和改進整合人力、資金、資訊、知識、廠房、設備、能源、物料和流程的製造生產系統。近年來更多的工業工程師投身於物流、資訊、金融、醫療、服務、研發、國防等等眾多產業當中，從事系統分析與改進工作。簡要的說，工業工程師能在任何領域當中發揮其職。因此，工業工程師需負起如同醫生般的責任去診斷企業的病因，謀求對症下藥改善企業的體質。於眾多的改善方法技巧中，工作研究為提升生產力、降低成本與增進品質等改善活動的核心方法之一，也是工業工程的基礎技術，更是工業工程、工業管理、企業管理、經營管理等科系所之必選修科目，可見工作研究之重要性。

　　本書由工業工程與生產力之觀點切入工作研究（第一章）；於第二章中詳列數種分析與改善的工具，包括選擇欲改善項目與分析記錄工作程序之工具方法；第三章詳述動作研究與分析及動素分析；第四章為時間研究概論，並說明直接測時法之施行程序及其應用；第五章為評比，內容包括評比系統建立與評比方法，及其評比應用；第六章說明寬放之意義與其訂定方法；第七章闡明工作抽查法之意義、優點與用途；第八章說明預定動作時間標準系統，及方法時間衡量系統(MTM)；第九章說明方法時間衡量延伸系統，包括MTM-2、MTM-3 等，及單位預定時間標準(MODAPTS)；第十章為人因設

計，包括工作設計、工作站設計與環境設計等。本書內容涵蓋工作研究重要方法與技巧，除了技巧方法理論之推導外，並提供一些實務案例，使讀者於理論與實務運用兩者得兼。此外，於各章節後附上一些相關工業工程師模擬考題，可使讀者便於準備相關工業工程師考試，此為本書之目的與特點。

四版增列持續性改善及更新模擬考題，且修正誤植之處。然疏漏及未盡之處恐難避免，懇請各界先進、讀者不吝於批評指教。最後以「There is Always a Better Way; Only the Best is Good Enough」，共勉之。

劉伯祥、徐志宏、賈棟忠、曾賢裕 謹識

編者簡介
AUTHORS

劉伯祥

> 國立臺灣科技大學工業管理系博士、國立臺灣科技大學應用科技研究所（科技政策與法律領域）博士候選人
> 考試院專門職業與技術人員高等考試工業工程科及格、職業安全衛生管理乙級技術士、職業安全管理師資格
> 工業工程技師、中國工業工程學會永久會員、中華民國人因工程學會永久會員
> 曾任中華映管股份有限公司經營處工程師
> 曾任聖約翰科技大學工業管理系主任、創新育成中心主任、研發長、商管學院院長、教務長
> 現任聖約翰科技大學工業管理系教授

徐志宏

> 國立清華大學工業工程與工程管理博士
> 考試院專門職業及技術人員高等考試工業工程技師、工業安全技師、工礦衛生技師、職業衛生甲級技術士、職業安全甲級技術士、職業安全衛生管理乙級技術士
> 中國工業工程學會永久會員、中華民國人因工程學會永久會員、中國勞工安全衛生管理學會永久會員
> 曾任穩達商貿運籌股份有限公司績效促進處處長
> 現任修平科技大學工業工程與管理系副教授

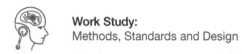

賈棟忠

> 國立清華大學工業工程與工程管理研究所
> 專案管理學會會員、企業資源規劃(ERP)規劃師證照
> 曾任聖約翰科技大學工業工程與管理系副教授
> 現任嶺東科技大學企業管理系副教授

曾賢裕

> 國立臺灣科技大學工業管理研究所
> 中國工業工程學會、中華民國人因工程學會、中華民國品質學會、中華民國管理科學學會、自動化科技學會、產業電子化運籌管理學會永久會員
> 曾任遠東紡織公司電腦中心工程師、中鼎工程公司工程師、聖約翰科技大學工業工程與管理系副教授

目錄
CONTENTS

Work Study:
Methods, Standards and Design

Work Study:
Methods, Standards and Design

CHAPTER 08　預定時間標準

CHAPTER 09　MTM 延伸系統

CHAPTER 10　人因設計

CHAPTER **01**

緒　論

Work Study:
Methods, Standards and Design

　　生產力(productivity)的概念最早可追溯至十八世紀法國經濟學者奎內(F. Quesnay)所提出的理論，於二次大戰後才普遍受到重視。當年在美國推動下的馬歇爾計畫(Marshall Plan)，為歐洲復興計畫的通稱。實際上就是如何提高生產力的計畫，於馬歇爾計畫實施期間，西歐國家的國民生產總值增長25%，透過此一復興計畫使得西歐國家於短短數年間，便從戰爭的廢墟中重建起來，可見生產力提高的重要性。所謂生產力之概念，簡單而言即為產出對所有投入資源的比值(measure of output divided by input)，其投入包括勞動力(labor)、資本(capital)、物料(materials)與能源(energy)等資源，其產出為一產品或服務，如圖 1.1 所示為生產力之概念。生產力指數可以計算單一作業、單一部門或組織，也可計算整體公司及國家的生產力。生產力指標可用於規劃企業組織與國家之人力需求、設備排程、財務分析等其他重要作業。

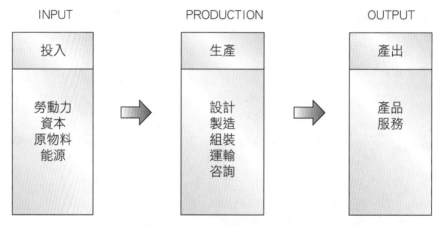

✿ 圖 1.1　生產力的概念

　　生產力的衡量可基於以單一輸入資源所計算之偏生產力(partial productivity)或以多項資源的組合計算之多因素生產力(multifactor productivity)及以所有的資源計算之總生產力(total productivity)，如下表 1.1

說明。偏生產力有勞動生產力(labor productivity)、機器生產力(machine productivity)、資金生產力(capital productivity)、能源生產力(energy productivity)等,如表 1.1 說明,其中以勞動生產力為例,係指單位勞動投入之產出量或產出值,為衡量勞動力運用效率與產業競爭力、明瞭勞動生產力變動與利益分配等之有效指標。因此,吾人欲提升生產力可從兩個途徑進行,一方面可使產出提升,更重要的另一方面也需同時減少浪費以降低投入的資源,如此雙向並行可獲得最高的成效。

表 1.1 **各種偏生產力的定義**

偏生產力	定義
勞動生產力	每勞動小時產出量 每班別產出量 每勞動小時產出價值
機器生產力	每機器小時產出量 每機器小時產出價值
資金生產力	每元投入產出量 每元投入產出價值
能源生產力	每投入單位能源(千瓦/小時)產出量 每投入單位能源(千瓦/小時)產出價值

$$偏生產力(partial\ productivity)=\frac{總產出}{某項投入資源}$$

$$勞動生產力(labor\ productivity)=\frac{產出量}{投入人力}$$

$$=\frac{800單位/天}{20人\times8小時/天}\quad(單位/小時)$$

以多項資源的組合計算可得多因素生產力，例如計算勞動、材料與管理成本之多因素生產力：

$$多因素生產力(\text{mutifactor productivity}) = \frac{單位產出量成本}{勞動人力+材料+管理成本}$$

$$若生產單位成本\ 1\ 元之產品\ 7000\ 件 = \frac{7000 \times 1}{1000+500+1000} = 2.8\ 元$$

其中：勞動成本 $1000

材料成本 $500

管理成本 $1000

$$總生產力(\text{total productivity}) = \frac{總產出}{總投入}$$

以非營利組織而言(nonprofit organizations)較高生產力意謂著較低成本；而對營利組織而言，生產力指標更是決定企業競爭力的重要因素，對國家而言，更重要的指標為生產力成長率(rate of productivity growth)，其為某時期至下一時期生產力的增加率，這生產力成長更為對抗通貨膨脹(inflation)或成本上漲的有利工具。若勞動成本上漲 5%，A 公司之勞動生產力增加率為 0%，其勞動單位成本仍增加 5%，若生產力增加率為 3%，其勞動單位成本將由增加 5%降為只增加 2%。表 1.2 為比較 1979～1995 年間各國製造業別勞動生產力之成長率，各國平均勞動生產力年成長率如下：美國為 2.1%、加拿大為 1.7%、日本為 3.4%、南韓為 9.9%、臺灣為 6.7%、法國為 0.7%、德國為 0.4%、英國為 0.7%、瑞典為 2.1%。

表 1.2 比較 1979～1995 年間各國製造業別勞動生產力之成長率

國家	79～95 平均	79～85	85～90	90～95
美國	2.1	2	2.2	2.1
加拿大	1.7	1.5	1.5	2
日本	3.4	4.7	4.8	0.4
南韓	9.9	8.8	13.2	8
臺灣	6.7	8.1	7	4.8
法國	0.7	−0.4	2.6	0.2
德國	0.4	0.2	2.3	−1.2
英國	0.7	−1.2	3.4	0.3
瑞典	2.1	2.2	1.2	2.8

資料來源：U.S. Department of Labor, Bureau of Labor Statistics。

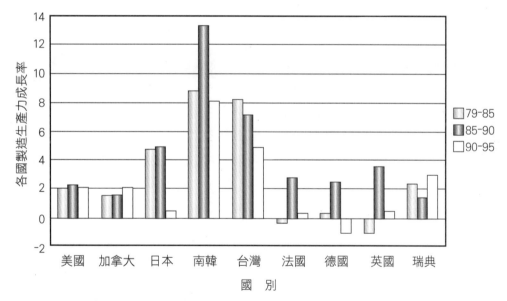

❖ 圖 1.2 各國製造業勞動生產力比較(1979～1995)

　　再者，圖 1.2 更明顯看出勞動生產力年成長率以南韓及臺灣等亞洲國家表現較佳，不過有增加趨慢的現象，反而是美國與加拿大等國其勞動生產力成長率都維持在 2%。雖然我國的勞動生產力的表現於世界上都名列前茅，不過根據 1994～1995 年的統計資料，我國勞動生產力成長率為 6.1%低於南韓的 10.7%及瑞典的 9.8%，因此我國必須持續的提升生產力，以維持競爭力。

　　面對來自全球性的競爭、客製化需求的挑戰，企業不僅要提供高品質、多樣性、交期短的產品或服務，此外在價格方面也需具有競爭力。因此，企業必須致力於降低成本、提升品質及生產力等改善活動。提升企業之生產力的第一個步驟，即為量測所有作業的生產力；後續為尋找系統中最關鍵的作業，稱為瓶頸作業(bottleneck operations)，因為改善非瓶頸作業無法有效的提升生產力，只有針對改善關鍵之瓶頸作業才能有效提升生產力；進而發展實踐生產力改善的理念及方法；而方法工程、時間研究、動作研究、人因工程等方法與技術，乃是工業、商業及服務業生產力改善關鍵所在。日本企業更將這些工具方法結合多樣少量的精實生產模式(lean production)，進行消除工作現場的各種浪費，使成本降低之改善活動，使日本汽車、消費性電子產品與設備產業，處於世界上的領導地位。

1.3　科學管理與工業工程

　　說起工作研究(work study)的意義必須先談及工業工程(industrial engineering)，因為工作研究為工業工程的基本技術，然而工業工程係以科學管理(science management)方法為基礎所發展的技術。因此首先說明何謂科學管理，管理(management)一詞乃指運用人力、物力、財力等資源，透過計畫、任用、組織、指導與控制等基本職能之行使，以訂定與完成目標的一種程序。而科學管理是基於工業革命後企業面臨如何提高工作效率的問題，提出研究工作方法、工作步驟、操作技術等分析與改善，其精神在於將科學方法應用於管理問題上。推行科學管理首推素有科學管理之父尊稱之泰勒(Frederick W. Taylor)，於 1880 年代泰勒首先使用馬錶來衡量工作的內容，訂出「一天合理的工作量(a fair day's work)」，亦稱時間研究(time study)之父。

✿ 圖 1.3　泰勒

✿ 圖 1.4　吉爾伯斯夫婦

　　此外於 1900 年代，吉爾伯斯夫婦(Frank and Lillian Gilbreth)開始從事方法的研究(methods study)，其目的為透過動作分析(motions study)去除無效動作，而尋找一個最佳的工作方法。經由泰勒與吉爾伯斯夫婦等人的研究提倡，科學管理乃大為風行。但有些紛爭卻也陸續發生，一些較無道德理想的管理者(unscrupulous managers)運用泰勒的技術，當員工達成所設定的目標後又無正當理由即刻提升工作標準，同時吉爾伯斯夫婦所做的改善活動被認為剝奪人性(dehumanizing)的工作，且工會認為吉爾伯斯夫婦違反勞工利益且視勞工為機械，因為其專注於減少工作動作使製程為最佳。對吉爾伯斯夫婦而言，去除勞工從事不必要的苦力工作並沒有合理的讚賞。

　　科學管理引發社會反感，同時遭受企業與工會的反對之後，許多從事管理方法改善工作者，仍體認正確使用科學管理的重要性，於工廠或企業內擔任顧問工作時，往往自稱為工業工程師(industrial engineer)，而不說為科學管理者。同時於學界的發展方面，產業界針對改善製造方法及提升生產力，進而尋求學界的協助需求增加，同時工廠管理的原理原則及方法與技巧發展也日趨成熟，許多學校將工業工程成立為獨立學系，於是取代「科學管理」的「工業工程」之名沿用至今。

1.4 工業工程的方法與技術

　　面對全球性的競爭，使得國內工商業的發展受到相當大的困境，在這種慘烈競爭的環境下，企業要生存尋求永續發展，企業本身需有所突破以提升競爭力，因此提升生產力、生產高附加價值的產品，為企業生存的不二法門，所以說要產業升級、生產力提升，工業工程師則需扮演關鍵的角色。提升產業競爭力需從根本著手，也就是說從管理合理化做起，然而企業對現存之許多不合理的地方，往往如病患本身不瞭解自己的病因為何，甚至拒絕承認或認為自身有病，因此工業工程師需負起如同醫生般的責任去診斷企業的病因，謀求對症下藥改善企業的體質。

　　依據國際工業與系統工程師學會(Institute of Industrial and Systems Engineers)之闡述，工業工程所關注為設計及提升改善設置整合人員、材料、零件、資訊、設備及能源之系統，汲取數學、物理、社會科學等相關知識與技術，並一同運用工程分析方法與原理，來詳述、預測與評估系統可獲得的結果，其目的不外乎是改善及提升生產力、降低成本與增進品質(improve productivity, reduce costs, and enhance quality)，工業工程師也為系統整合者的同義詞。故簡單而言，工業工程師旨在發現及解決如何做出更好的事情(to do things better)或說凡事有更好的方法(there is always a better way)，工業工程師的目標為堅持原則、追根究柢，秉持好還要更好的理念，完成消除時間、金錢、材料、能源與其他用品等之浪費(wastes)。此外，由於工業工程之「工業」這詞常受到人們的誤解，是否這些方法與技術只能應用於製造業，答案是否定的，工業工程之方法與技術當然能運用於其他行業，且目前應用於交通運輸、醫療、餐飲、旅館、銀行等服務業，皆有許多成功的實例。

　　因此為達成提升企業生產力、降低成本與增進品質之目標，許多專家學者略經百年來經驗的累積與努力，發展出許多有效的方法與技術，本節試列舉數項工業工程之基礎方法與技術，包含生產與作業管理、工程統計與品質管理、作業研究、工程經濟、設施規劃與自動化生產系統、工作研究與人因工程等管理方法，其內容範圍說明如下，同時這些方法與技術也是專門職業

暨技術人員高等考試工業工程技師之應試科目，也為中國工業工程學會工業
工程師必考與選考科目，詳見附錄說明。

(1) 生產與作業管理(production and operation management)

      其內容大致包括：生產系統介紹(production system)、需求預測
(forecasting)、物料管理(material management)、生產規劃(production
planning)、主生產排程(master production scheduling)、物料需求規劃
(material requirement planning)、供應鏈管理(supply chain management)
與及時生產系統(just-in-time production system)等內容。

(2) 品質管理(quality management)

      品質管理概論、全面品質管理(total quality management)、品質改
善活動(quality improvement)、統計製程管制(statistical quality
control)、管制圖(control charts)、製程能力分析(process capability
analysis)、驗收抽樣計畫(acceptance sampling planning)、與品質標準與
品質獎(quality standard and quality awards)。

(3) 作業研究(operations research and management science)

      線型規劃(linear programming)、運輸與指派問題(transportation and
assignment)、網路分析(network analysis)、專案管理(project
management)、動態規劃(dynamic programming)、整數規劃(integer
programming)、決策分析與競賽(decision analysis and game theory)與等
候理論(queuing theory)等。

(4) 工程經濟(engineering economy)

      工程經濟概念、成本概念與設計經濟(cost concepts and design
economics)、現金與時間關係及其等值(money-time relationships and
equivalence)、現金與時間關係之應用(applications of money-time
relationships)、折舊與稅後分析(depreciation and income taxes)、設備更新
決策(replacement analysis)、損益平衡比分析(evaluating projects with the
benefit/cost ratio)與資金預算分配問題(capital financing and allocation)。

(5) 設施規劃與自動化生產系統(facilities planning and automatic production system)

設施規劃總論、布置類型分析(layout analysis)、系統化布置規劃(systematic layout planning, SLP)、電腦輔助布置規劃(computerized aided layout planning)、設施位址選擇(selection of facilities location)、系統化搬運分析(systematic material handling analysis)、自動化生產系統(automation production system)、自動化搬運及倉儲系統(automated storage and retrieval system)、群組技術及單元製造系統(group technology and cellular manufacturing system)、電腦輔助設計與製造(computer-aided design and manufacturing, CAD/CAM)、電腦輔助製程規劃(computer-aided process planning, CAPP)、同步工程(concurrent engineering)、電腦整合製造系統(computer-integrated manufacturing system, CIM)等。

(6) 工作研究與人因工程(work study and human factors engineering)

方法工程(methods engineering)包括程序研究、作業分析、動作分析、影片分析等。時間分析(time study)包括馬錶測時、評比、寬放、工作抽查、預定動作時間標準、標準資料法等。人因工程(human factors engineering)包括人體計測、工作設計、工作站（設備、工具）設計、環境設計（照明、噪音）等，詳細內容詳見後續章節。

1.5　工作研究的發展

工作研究為提升生產力、降低成本與增進品質等改善活動的核心方法之一，也是工業工程的基礎技術。本節試說明工作研究之發展。

工作研究早期稱為工時學，為動作與時間研究(motion and time study)的簡稱，可說是科學管理最早提出的項目。時間研究之目的為設定與建立完成一項作業的正確時間(correct time)，泰勒提到時間研究的目的為終止偷懶(soldiering)及逃避工作的員工(goofing-off)，達到所謂的一天合理的工作量(a fair day's work)。而時間研究的關鍵為馬錶(stop watch)，量測優秀的作業人員(first-class man)完成每一項作業單元的時間，而後再給於寬放時間，最後計算出完成作業的時間，使用這時間資料可用來計算計件工資。

泰勒最著名的例子為於伯利恆鋼鐵廠(Bethlehem Steel Company)所做的鐵鏟實驗，他發現工人在鏟較重的鐵礦或較輕的焦煤時，都是使用自己擁有的鐵鏟，促使泰勒研究使用何種鐵鏟最為適當之問題。於是挑選兩名熟練的鏟工，分別使用兩款不同的鐵鏟，鏟動輕重不同的材料，經多次實驗與分析，結果顯示每鏟總重以 21.5 磅時，可使工人鏟動量於一日內達到最高效益，故短鏟斗適於鏟較重的鐵礦，而長鏟斗適於鏟較輕的焦煤，最後使整體生產力因而提升。

再者，泰勒設置工具室將各種工具集中保管，並成立計畫室規劃日常的工作計畫，依此以下達工作命令。每日工作結束時記錄每人所完成的作業量，凡達到規定標準者加發 60%之獎金，否則派員指導如何更有效率的工作，在改進措施施行後，往日需 400～600 人之工作，泰勒以 140 人即可完成，每噸搬運成本由 7～8 美分降至 3～4 美分，除因改善所增加之各項費用如工作計畫、工作衡量、獎金等外，每年約可節省美金 78,000 元。

再者，泰勒將他由 1880 年末期至 1900 年初期所發展的管理系統，於 1903 年 7 月在薩拉托(Saratoga)所舉行的美國機械工程師學會會議中 (American Society of Mechanical Engineers, ASME)發表著名的論文名為「工場管理」(Shop Management)，包括時間研究、工具與作業標準化、規劃部門設立、運用省時的計算尺、工作指令卡、產品分類記憶系統、獎金制度等。更於 1911 年出版科學管理原則(Principles of Scientific Management)，由於他的努力與貢獻，泰勒先生於 1912 年受到美國國會的公開讚揚，因而被尊稱為科學管理之父及時間研究之父。

此外，對工作研究方法有重大貢獻者為吉爾伯斯夫婦(Frank and Lillian Gilbreth)，可稱為現代動作研究的創始者，此動作研究為研究操作時的身體動作，藉由去除不必要的動作、簡化必要的操作動作，而建立最有利的動作順序或最佳的作業方法(the one best way)以達到最高的作業效率。法蘭克·吉

爾伯斯(Frank Gilbreth)最早導入他的理念於砌磚工作(bricklayer's trade)，經由對砌磚動作的改善、發明可調式鷹架及工人的訓練，其結果將砌磚速度由每小時每位工人平均砌磚 120 塊增加至 350 塊。

由於吉爾伯斯夫人(Lillian M. Gilbreth)為心理學博士，而特別關注人類價值、人員對工作環境的反應、工作及工作場所對人員生理上的限制，因此兩人的才識經驗正好互補，而一同完成許多方法與技術，將動作研究成為管理上的一門基本技術。其中吉爾伯斯夫婦發展了動作軌跡圖(cyclegraphic)與動作時序軌跡圖(chronocycle-graphic)，其方法為將小燈泡繫於作業員的手指、手或身體其他部分，而後攝影記錄作業時的動作，並分析其作業動作進行改善。

而動作時序軌跡記錄的方法類似於動作軌跡圖，只不過是動作時序軌跡記錄時，其燈泡為規律的閃爍，而攝影後所呈現的動作畫面為間斷(dashes)的軌跡，而不是動作軌跡圖所呈現的是實線(solid lines)的動作軌跡。動作時序軌跡圖可利用所記錄的間斷軌跡，計算身體動作的速度、加速度與減速度，提供改善更多的資訊。消除所有無用的動作與減少必要的作業動作，為吉爾伯斯夫婦認為是改善的基礎原則，這種去消除所有不必要浪費的方法，就是所謂的工作簡化(work simplification)。

再者，亦運用線圖(flow diagrams)精確的紀錄產品於廠內各相關部門移動的情形，也發展操作程序圖(operation process chart)，詳細的列出每一項操作單元的程序與其關係，也可顯示工人與機器的關係、組作業的情形與左右手動作的狀態等資訊。

吉爾伯斯夫婦將人體的動作分成 17 種基本動作單元，稱為動素（Therblig；即為 Gilbreth 的倒寫），每個動素都給予特定的圖形符號、文字符號與顏色的區分，以便繪製操作人程序圖(operator process chart)或左右手程序圖(left-and-right hand process chart)、人機程序圖(operator/machine chart)等。由於吉爾伯斯夫婦對工作研究有卓越的貢獻被尊稱動作研究之母(parents of motion study)。

1930 年代美國工業工程師莫金遜(Alan G. Mogenson)發表所著之《動作與時間研究之廣泛運用》，始將動作研究與時間研究推廣應用於其他工作上，強調工作簡化(work simplification)之重要性，莫金遜認為工作時需有條理及有系統的運用所熟知之知識，以求獲得更佳更易的工作方法，因為知道最佳的工作方法往往是有經驗的工作者本身，因此任意之工作，小至輕微的手部動作，大至複雜的設施規劃工作，工作者必須思考其中如有無任何浪費之處，均應設法予以清除。

這項簡單的理論，頗受若干學者專家的支持，均強調方法研究之重要性，於是 1933 年梅那特(Harold B. Maynard)與其同僚倡議以「方法工程(methods engineering)」替代往日所稱之「動作與時間研究」一詞。所謂方法工程應包括：1.方法、操作、設備、工作場所、工具等之標準化；2.訓練員工使用標準的作業方法；3.訂定標準時間；4.訂定獎勵辦法而促使標準方法有效實施。Niebel 更近一步說明方法工程與工作簡化、操作分析(operation analysis)、工作設計(work design)、企業再造(corpation re-engineering)經常被視為為同義詞，皆與提升生產力、降低成本與增進品質等有關。

甘特(Henry L. Gantt)對工作研究也有重大的貢獻，甘特是泰勒於密維爾(Midvale)與伯利恆鋼鐵廠(Bethlehem Steel Company)的同事，當泰勒推行差別計件工資制度時(multiple piecework plan)，此制度對生產量較高的工人給予很高的工資，反之對於未達標準者則給予甚低的報酬，因此造成工人間彼此相互不滿與嫉妒，尤其是發生機械故障、材料零件不合規格，以致生產發生瓶頸故生產量降低。為了處理上述難題，甘特提出了著名的任務及獎金制度(task and bonus system or earned-hour plan)，與其懲罰未達標準的工人，不如提供可接受之高額獎金給予生產績效超過 100%的工人，如此更能提高士氣與增加生產力，這任務及獎金制度不但修正了差別計件工資的一些缺點，也為日後激勵工資制度立下了典範。

甘特另一項重大的貢獻為於 1917 年發展了一種簡單的圖表，用來表示與衡量專案進行的排程，此圖將所有預定排定的工作先繪製於一條時間橫軸上，再把已經完成的工作重疊繪製於時間橫軸上，這種生產管制工具可用於

比較各項工作真實的進度，而依其原計畫進度、工作能力、需求等因素來調整日程。此圖被尊稱為甘特圖(Gantt chart)，雖然相當簡單但卻是生產計畫與控制及專案管理的有效工具，於第一次世界大戰時廣泛運用於造艦。更為後續計畫評核術(performance evaluation review technique, PERT)與要徑法(critical path method, CPM)等專案管理工具發展的基礎。

第二次世界大戰期間由於戰爭的需求，各國大力發展新式武器和裝備，但片面注重武器的威力與功能，使人們所從事的作業複雜程度與負荷量都起很大的變化，而忽略人的因素使操作失當的案例屢見不鮮，例如飛機駕駛艙內儀表與控制器設計不當，造成飛行員誤讀儀表及操縱失當而導致空安意外。因而除了提高工作效率外，對於研究人員從事非常複雜系統時之反應與限制、人機系統設計、改善工作環境等，成為最迫切的需求，並深刻認識到要設計一個高效能的設備，只有工程技術的知識顯然是不足的，人的因素在設計中是無法忽略的一個重要條件，因此設計時需導入生理學、心理學、人體計測學、生物力學等方面的知識。這系列的研究於美國稱之為人因工程(human factors engineering)歐洲使用「Ergonomics」。又因蘇聯於 1957 年成功發射 Sputnik 號人造衛星，更加速人因工程於軍事及太空領域的發展。爾後，其發展由軍事領域的應用快速的擴展於非軍事領域，用來解決工業及工程設計中的問題，例如飛機、汽車、機械設備、建築設計及生活用品等，力求使事適人(fitting the tasks to the human)。

於第二次世界大戰後，日本豐田汽車公司因應多樣少量生產趨勢，於一條生產線上製造不同車款、顏色、內裝等需求，由大野耐一(Taiichi Ohno)、石川馨(Kaoru Ishikawa)、張富士夫(Fujio Cho)、新鄉重雄(Shigeo Shingo)等人，發展出「豐田式生產體系(Toyota production system, TPS)」，亦稱為「剛好即時生產(just in time, JIT)」，儼然成為精實生產(lean production)思維的創造者，現今精實製造的原則與作法大多數均是依此而發展出來。豐田的精實生產制度促成全球製造業與服務業的革命，被廣視為超越大量生產制度的製造業新紀元，在豐田汽車和通用汽車(General Motors, GM)位於加州佛利蒙特(Fremont)的合資事業「新聯合汽車製造公司」（New United Motor

Manufacturing Inc，簡稱 NUMMI），於通用汽車公司眼中，原本最糟糕的勞動力團隊之一，轉型成為美國製造業最優秀的勞動力團隊之一。

豐田汽車公司總裁張富士夫指出使豐田有傑出表現的原因，並不是任何個別要素，而是所有要素結合起來所形成的制度，此制度必須每天以貫徹一致的態度實行，而非只是一陣旋風。其重點為建立品質文化、加速流程、現場改善、杜絕浪費，其中積極的消除無所不在的浪費(waste)日文稱為無駄（發音 muda），如材料零件等待加工、勞工等待工具、錯誤無效的作業等。達到精實需從人員的動機與準備、角色扮演、方法的改變及環境改變等四個主要成功因素著手。「豐田模式，The Toyota Way」為長期理念(philosophy)、持續解決根本問題(problems)、正確的流程(process)方能產生優異成果及藉由員工(people)與事業夥伴(partners)的發展，為組織創造價值。自働化(Jidoka) Autonomation 是豐田製造系統(Toyota Production System, TPS)的兩大支柱之一（另一支柱是 JIT, Just In Time）這個自「働」化與一般的自動化(Automation)不同，它的動加了人字旁，加了人工的智慧，不但會自動生產所需要的零件，也會在發現品質問題時自動停止。豐田式自働化的構想，源自於豐田創辦人豐田佐吉先生。豐田先生所發明的自働化織布機，只要線斷或線用完，機器就會自動停止，不會製造出不良品來。引申到一般的生產線自主管理，生產線不但會生產所需的產品，也會在發現問題的時候自動停止，這才是豐田所謂的自働化！

一般而言，日本產業界的改善運動可從 5S 運動著手，就是整理(seiri)、整頓(sieton)、清掃(seiso)、清潔(seiketsu)、紀律(shitsuke)等 5 項日文發音之羅馬拼音字首，5S 運動又可稱為改善的原點。5S 運動之目的為排除會使工作產生不便、浪費之因素，而使工作能正確、迅速、安全、簡單、愉快，使環境整潔、舒適、明亮。其簡要說明如下：整理定義為清理雜亂，分類整理及清理出需要與不需要的物品，不需要者應予以處理，其使作業現場沒有放置任何妨礙工作，或有礙觀瞻的物品。整頓定義為定位定容，把需要的物品維持於良好的管理狀態，為規劃安置，將要留用的物品加以定位定容，使物品各安其位，可以快速、正確、安全取得所需要的物品。清掃定義為無汙無

塵，清掃係將工作場所、物品、設備、工具等去除汙染源，使成為乾淨的狀態，工作場所無垃圾、無汙穢、無塵垢為機器預防保養的基礎。清潔定義為保持清潔，保持工作現場無汙無塵的狀態，並防止汙染源的產生，將整理、整頓、清掃，徹底執行後的良好情況維持。紀律為嚴守規範，使全員主動參與養成遵守規定、自動自發的習慣。

一、選擇題

1. ( ) 下列何者從事霍桑研究，發現工作效率與士氣有密切關係？ (A)梅那特(H. B. Maynard) (B)泰勒(F. Taylor) (C)吉爾伯斯(F. B. Gilbreth) (D)梅育(E. Mayo) (E)巴恩斯(R. M. Barnes)。

2. ( ) 下列有關吉爾伯斯(F. B. Gilbreth)的敘述，何者不正確？ (A)動作研究之父 (B)提出工場管理論文 (C)提出動素 (D)影片分析的提出者 (E)提出細微動作研究。

3. ( ) 工作研究領域中的兩個名人，泰勒(F. W. Taylor)與吉爾伯斯(Frank B. Gilbreth)，請問以下所述，何者較符合？ (A)泰勒是動作研究之父；吉爾伯斯是時間研究之父 (B)泰勒從觀察砌磚工人做起；吉爾伯斯從研究鋼鐵廠的工人做起 (C)泰勒曾發表差別計件的工資系統；吉爾伯斯曾發展動作軌跡研究技術 (D)泰勒曾發展動作軌跡研究技術；吉爾伯斯曾發表差別計件的工資系統 (E)泰勒建立預定時間標準系統；吉爾伯斯建立標準薪資制度。

4. ( ) 下列何人將動作研究與時間研究之理念，推廣至其他行業，並稱之為工作簡化？ (A)泰勒(Taylor) (B)吉爾伯斯(Gilbreth) (C)梅育(Mayo) (D)梅奈德(Maynard) (E)莫金遜(Mogenson)。

5. ( ) 下列何者不是泰勒(Taylor)所提出的？ (A)以科學方法訓練員工 (B)誠心與作業員合作 (C)保障底薪制 (D)動作研究 (E)以上皆是。

6. ( ) 維持無垃圾、無灰塵、無汙染之狀態，稱之為： (A)清潔 (B)清掃(C)整頓 (D)整理 (E)紀律。

7. ( ) 日本產業界的改善運動中所謂，將要用的與不要用的分開稱： (A)清掃 (B)清潔 (C)整頓 (D)整理 (E)習慣。

8. （　） 日本產業界的改善運動中所謂，將要用的維持於良好狀態稱： (A)清掃　(B)清潔　(C)整頓　(D)整理　(E)習慣。

9. （　） 強調研究某一工作時，應將所牽涉到之各方面都加以考慮之學問為： (A)工作簡化　(B)動作研究　(C)方法工程　(D)行為研究 (E)人因工程。

10. （　） 下列何者非腦力激盪術之原則或重點？　(A)嚴禁批評　(B)把別人之創意加以聯想　(C)時間以 30 分到 1 小時為宜　(D)成員越多創意越多　(E)要求創意的件數越多越好。

11. （　） 豐田生產系統(Toyota Production System; TPS)(Toyota Production System; TPS)又可稱為下列哪一系統？　(A)追蹤式生產系統 (Tracking Production System)　(B)持續轉換的生產系統 (Transforming Production System)　(C)全面性生產系統(Total Production System)　(D)持續思考的生產系統(Thinking Production System)。

12. （　） 以精實思維規劃與建構系統的重要作法中不含下列哪一項？　(A)建置穩定的流程(Stable process)　(B)統計製程管制(Statistical Process Control)　(C)單件流(One piece flow)　(D)平準化 (Leveling)。

13. （　） 減產時如何提升生力？　(A)增加產出　(B)減少設備故障　(C)構築少人化生產線　(D)庫滿後停工。

14. （　） 以下何者不是將標準作業揭示在生產線上的目的？　(A)為了要讓管理者、督導容易確認作業是否遵守標準　(B)管理者、督導可據以指作業　(C)作為業者自我管理、學習的工具　(D)是現場 4S 的一環。

15. （　） 以下何者不是豐田生產方式中的預防勝於治療內涵？ (A)準備安全庫存　(B)防範機械故障　(C)流程化作業　(D)體質堅強的生產線。

16. （　） 下列哪一項不是大野耐先生在二次戰後，為了提升產力所採取的對策？　(A)抑制製造過多的浪費　(B)採購先進設備減少人力　(C)只製造必要的東西　(D)以少數人來製造。

17. （　） TPM 推行技術方法，5S 活動是其基礎工作，請問將物品分門別類，各就各位是：　(A)整理　(B)整頓　(C)清潔　(D)清掃。

18. （　） 生產現場中，作業的標準是由誰來制定？　(A)經理　(B)管理顧問　(C)顧客（產品消費者）　(D)現場作業當事者。

19. （　） 豐田式生產系統中自働化(Jidoka)的觀念最初源自下列哪位？　(A)豐田佐吉　(B)大野耐一　(C)新鄉重夫　(D)豐田喜一郎。

20. （　） 方法、標準及工作設計的目標為：　(A)減少工時與生產者　(B)提高產品成本　(C)增加生產力及產品可靠度　(D)抑制消費者購買潛力。

21. （　） 有關現代時間研究之父泰勒(Frederick W. Taylor)之理念，下列何者為非？　(A)泰勒提議每位員工的工作應在至少一天前由管理者事先加以規劃　(B)操作員應收到詳載工作內容以及完工方法的說明書　(C)每項工作都有時間研究專家所決定之標準工時　(D)為了生產結果雇主可強制員工加班。

22. （　） 操作程序圖係將操作程序作一鳥瞰式的通盤描述，為求精簡製作時僅包含哪兩種作業符號？　(A)搬運、儲存　(B)操作、搬運　(C)搬運、檢驗　(D)檢驗、操作。

23. （　） 下列何者「不屬於」使用機器手臂的優點？　(A)比人工作業更快速的調整彈性　(B)穩定可預期的產出　(C)耐用性　(D)比人工作業更高的生產力。

24. （　） 若小吃店開店準備時間為 30 分鐘，每桌上菜時間需用時 20 分鐘，則小吃店廚師在 8 小時的工作天內，處理開店準備工作並完成 24 位桌客人，請問該廚師的工作效率為何？　(A) 94.1%　(B)101.3%　(C)106.3%　(D)116.5%。

25.（　）　新文京工廠的電纜製程共有 5 站，依序為甲、乙、丙、丁、戊，各站所需的操作時間分別為 0.50、0.47、0.60、0.44、0.55 分鐘，若每站分配 1 員工，則每完成一件產品，損耗的工時為？ (A)0.44 分鐘　(B)0.47 分鐘　(C)0.55 分鐘　(D) 0.65 分鐘。

26.（　）　承上題，若想要增進製程的作業效率，應將優先改善重點置於哪一個工作站？　(A)甲　(B)乙　(C)丙　(D)丁。

二、問答題

1. 何謂生產力？

2. 何謂工業工程？

3. 何謂方法工程？

4. 何謂豐田式生產系統？

5. 泰勒(Frederick W. Taylor)之貢獻為何？

6. 吉爾伯斯夫婦(Gilbreths)的貢獻為何？

7. 莫金遜(Mogenson)之貢獻為何？

8. 甘特(Gantt)之貢獻為何？

CHAPTER **02**

分析與改善的工具

Work Study:
Methods, Standards and Design

一般而言，基本的方法研究改善(methods study)或問題解決(problem-solving)可以區分為下列程序進行：

1. 選擇欲改善的項目(SELECT)。

2. 記錄所有相關的事實行為(RECORD)。

3. 檢視關鍵的現象行為(EXAMINE)。

4. 發展實用、經濟及有效的方法(DEVELOP)。

5. 導入實施改善方法(INSTALL)。

圖示法(charting methods)為使用圖表來表達及描述欲探討研究的事件或工作單元，此為工作分析與改善的重要工具，尤其於記錄(recording)、檢視(examining)及發展(developing)階段，使用簡明的標準符號及容易理解的圖表說明，可有效的表達描述及瞭解作業活動與程序。方法研究改善或問題解決的首要步驟，為選擇欲改善的項目或定義問題(identify the problem)，此階段的目的為找出需最優先改善的目標及對象，也就是要回答「問題在哪裡？」，在定義問題及找尋優先改善的目標之過程中，可集眾人之力發揮團隊能力(team work)、運用腦力激盪(brainstorming)的方式進行，可繪製檢核表(check sheet)、柏拉圖(Pareto diagram)、特性要因圖(cause-and-effect diagram)或稱為魚骨圖(fish diagram)等。

2.1 選擇欲改善項目的工具

2.1.1 檢核表(check sheet)

檢核表為蒐集作業資料非常有用及簡便的工具，表上列出想要蒐集的各項資料名稱，於行或列中放入劃記次數或簡明的敘述記號，此法多由現場作業人員對所查核的對象仔細的紀錄，檢核表多專為某特定對象而個別化設計，如表 2.1 為針對物料收儲及處理查核表範例，而表 2.2 為針對電子翻譯機不良缺點數查核表，於表格的上方可依時間序列排列，而於左方欄位內則列

出不良缺點數因素，如 LCD 不潔、KEY 下陷、開關不良等缺點，經統計後可獲得電子翻譯機產品主要缺點因素，這些由檢核表所得的資訊，後續可繪成柏拉圖來決定優先處理的問題。

表 2.1 查核表範例

檢測項目	你要付諸行動嗎？			
	否	是	優先	改善建議或說明
物料收儲及處理	☐	☐	☐	
運輸線的淨空和標示	☐	☐	☐	
保持走道及車道寬敞可雙向通行	☐	☐	☐	
保持輸送路線通道平整、不濕滑、無障礙	☐	☐	☐	
利用 18°至 28°斜面來取代工作區上具有高度落差地點上的小階梯	☐	☐	☐	
改善工作區的布置，減少物料搬運的需要	☐	☐	☐	
利用二輪推車、手推車及其他輪軸工具或滾軸來輸送物料	☐	☐	☐	
利用移動式儲物架，避免不必要的裝卸	☐	☐	☐	
在工作區內使用多層架或儲物架，以減少徒手搬運物料	☐	☐	☐	
使用機器以升降及移動重物	☐	☐	☐	
以輸送帶、皮帶及其他器械減少人工物料搬運	☐	☐	☐	
重物不要一次搬運，先將重物用小而輕的箱子或托盤分裝再運	☐	☐	☐	
所有容器應有把手、手柄或良好的握力點	☐	☐	☐	
去除或減少人工搬運物件時之高低差	☐	☐	☐	
以水平推拉方式進料與移動重物，而非以垂直升降方式	☐	☐	☐	
設法減少需要彎腰或扭腰的工作	☐	☐	☐	

日期	5/6	5/7	5/8	5/21	5/22	5/27	5/28	5/30	總和
LCD 不潔	106	117	93	104	83	78	44	58	638
KEY 下陷	82	46	42	62	81	114	90	82	559
開關不良	34	39	20	30	87	56	22	18	306
轉錄失效	28	39	46	39	20	36	2	0	210
DC 不亮	2	2	3	18	23	31	26	19	124
卡片插拔不良	5	9	2	6	13	10	31	37	113
TABLET 失效	18	0	10	8	27	18	6	2	89
主機電力不足	11	5	24	0	11	27	7	2	87
下殼不良	2	6	2	17	26	12	6	8	79
聲音異常	18	1	21	0	8	7	8	7	70
其他項目	0	8	6	4	2	12	8	1	41
總不良數	306	272	269	288	381	401	250	234	2,401

表 2.2　電子翻譯機不良缺點數查核表

2.1.2　柏拉圖(Pareto diagram analysis)

　　柏拉圖(Alfredo Pareto, 1848~1923)於歐洲進行廣泛的財物分配的研究，他發現少數的人(20%)卻擁有絕大部分的財物(80%)，相對的絕大部分的人們只擁有少數的財富，這個觀察結果成為重要的經濟理論。其後朱蘭博士(Dr. Joseph Juran)發現這個 80-20 原則概念可以運用於許多領域，如品質管制運用上，他認為 80%的浪費由 20%的品質問題所造成，而定義出重要少數(vital few)的概念，如少數顧客的消費卻占絕大多數的銷售量、少數物料品項卻占絕大多數的存貨成本、少數的產品缺點卻造成顧客最多的抱怨。依據下列步驟相當容易繪製柏拉圖：

1. 決定出柏拉圖上所要顯示資料分組的形式，如依據問題(problem)、原因(cause)、不合格點(nonconformity)等。

2. 決定以金額（較佳）、頻次或兩者皆列出來排列特性項目。

3. 決定合適的時程蒐集資料或運用歷史資料進行分析。

4. 依據所蒐集的資料將分組的項目由最高的金額（頻次）排列至最低的金額（頻次）。

5. 最後繪製柏拉圖並找出重要少數(vital few)的項目。

如圖 2.1 為產品不良比率柏拉圖分析，雖然其他原因所造成的產品的不良比率不高僅占 1%，但其原因可能含有數十項，改善效益不大，而 LCD 不潔(28%)、KEY 下陷(25%)與開關不良(13%)等因素，卻為造成不良品的主要原因，因此必須先針對這些要項做為改善的第一步，再循序改善其他的問題，其改善效果最大。

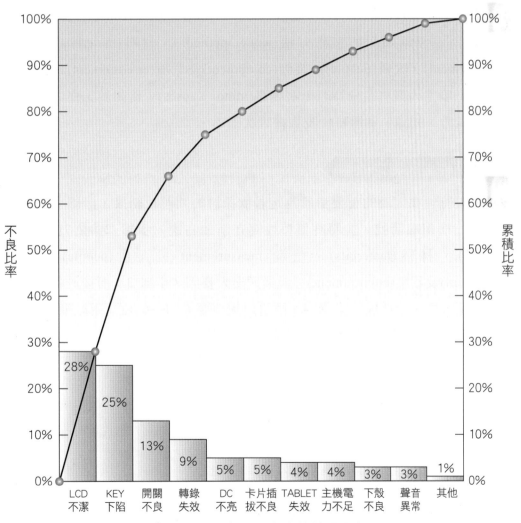

✿ 圖 2.1　產品不良率柏拉圖分析

 ### 2.1.3 特性要因圖(cause-and-effect diagram)

特性要因圖之設計，為使用線段與符號來表達一事件發生的因果關係，確定問題的根源與發掘潛在問題的工具，能一目瞭然的表示出結果（特性）與原因（影響特性的要因）之影響情形或二者間關係之圖形。於 1943 年日本石川馨教授(Dr. Kaoru Ishikawa)首先開始使用這種方式來整理一些經由腦力激盪後所得意見，這方法又稱為石川圖(Ishikawa diagram)，且因其圖型似魚骨，此圖又被稱為魚骨圖(fishbone diagram)。特性要因圖是排列出發生問題可能的原因及可能的影響，對問題造成不利的影響(bad effect)應改善，而對問題有好的影響(good effect)應繼續執行，問題發生原因(causes)通常可以區分為下列主要原因，如工作方法(work methods)、材料(materials)、量測(measurement)、人員(people)、設備(equipment)及環境(environment)等因素，之後每一項主因素再區分為若干次因素(minor causes)，例如於工作方法下可區分為能力、知識、實體特性及訓練等次因素。

特性要因圖之繪製

繪製特性要因圖的首要步驟為定義欲探討的問題或結果，步驟 1：自左向右畫一橫粗線箭號，並將評價特性寫在箭頭右邊。步驟 2：依方法(work methods)、材料(materials)、量測(measurement)、人員(people)、設備(equipment)及環境(environment)等因素列出大要因。步驟 3：而後於各大要因下分別記入中、小要因。步驟 4：圈選出重要要因 4～6 項（用紅筆圈選）。步驟 5：整理與分析。請見圖 2.2 與圖 2.3 說明。

步驟 1
自左向右畫一橫粗線箭號,並將評價特性寫在箭頭右邊。

步驟 2
主要要因一般是依方法、方法、材料、量測、人員、設備及環境來分類大要因
以圈起來,加上箭頭的大分枝連接到橫粗線上。

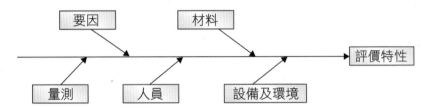

步驟 3
利用腦力激盪術,共同研討,依各要因分別細分,記入中要因、小要因。最末
端必須是能採取措施的小要因。

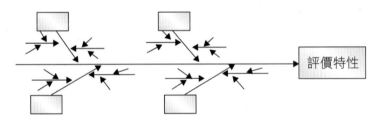

步驟 4:圈選出重要要因 4 ~ 6 項。
步驟 5:整理與分析。

✿ 圖 2.2　特性要因圖繪製步驟

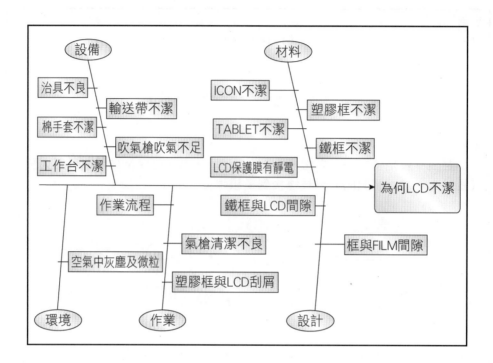

✿ 圖 2.3　造成 LCD 不潔特性要因圖

依據時間順序(chronological sequence)將一工作程序分成數個事件(events)或活動(activities)的方法，稱為程序分析。其目的是以產品、物料或人員為對象分析其製造過程或完成工作所經之手續與路線，再運用刪除、合併、重排與簡化等技術加以研究改善，使整個工作程序合理化，常用的分析工具有操作程序圖(operation process charts)、流程程序圖(flow process charts)、線圖(flow diagram)、流程圖(procedure flow chart)、人機程序圖(worker and machine process chart)。

2.2.1　操作程序圖(operation process charts)

操作程序圖之目的，為用以顯示產品在製造過程中之工作概況，其中以說明描述各項操作(operation)及檢驗(inspection)之先後順序為主，並列出材料、零件或次裝配件進入主裝配件之程序及進入點，以及各操作所需之時間。此圖簡明扼要易使分析人員理解整個操作過程，並提供組成產品之零件與數量；零件自製或外購；零件或材料之規格；製造裝配的順序等資料，故分析各操作或裝配間相互關係之理想工具，有助於研究分析裝配作業之配置及設施規劃事項，對於發掘問題與改善成效頗大。其構造形式依作業性質不同可分為下列四種：(1)直線形：單一零件或產品的製程；(2)匯流形：二個以上多種零組件於製程中將裝配成半成品或成品；(3)分流形：零件或產品，因顧客要求不同加工裝配程序有異，分別流向不同製程；(4)複合形：零件或產品在加工過程中，某些作業必須重複實施或不同批的產品有不同的製程，如此有多種的流程組合。

(1) 直線形　(2) 匯流形　　　　　　　　　　　　　　　　(3) 分流形

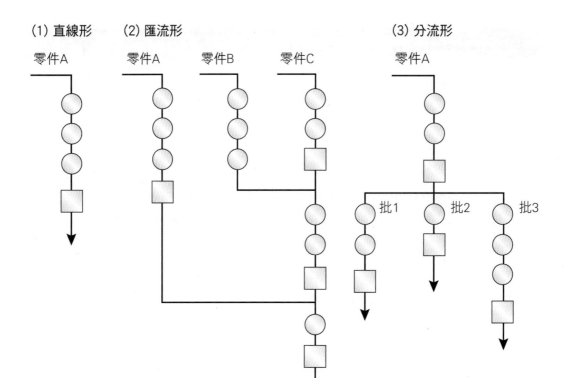

(4) 複合形

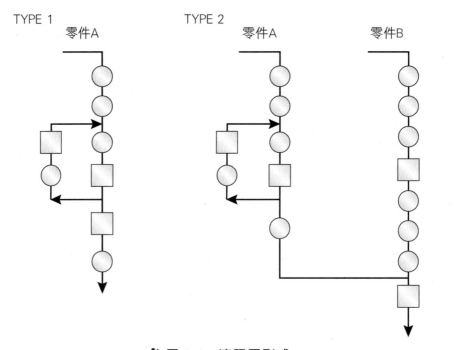

✿ 圖 2.4　流程圖形式

 操作程序圖之繪製

(1) 繪製操作程序圖前，需先將有關此項作業之識別資料(identifying information)列於圖之上方，包括零件編號(parts number)、圖號(drawing number)、操作程序說明(process description)、現行或建議改善方法、繪製人姓名與繪製日期等。

(2) 再者分析製程的先後順序，將「操作」及「檢驗」兩種作業依順序分別列出，而繪製操作與檢驗符號時，其操作圓圈符號一般以 3/8 吋（約 9.5mm）為直徑，檢驗符號一般以邊長 3/8 吋（約 9.5mm）正方形為準。

(3) 使用水平線表示材料或零件的進出，以垂直線表示作業發生的順序及進展方向。一般而言水平線與垂直線不交叉，若無法避免可用「⤳」表示。

(4) 選擇最長的製程列為主件，由圖的右上方開始繪製，由左向右畫一水平線表示零件或材料的進入，然後於水平線右端畫一垂直線，再依次分別列出「操作」及「檢驗」作業，且相鄰的兩作業以短線相互連接。

(5) 副件製程則依與主件組合的順序，由主件的左方畫水平線連接。

(6) 零件進入的水平線上方或下方應註明其零件名稱、編號、規格等資料。

(7) 途中各作業應載明作業內容，及記載操作時間、作業人數，若為檢驗作業應記上「D. W. (daily work)」表示以每天工作量計算。

(8) 為便於分析通常將各「操作」及「檢驗」作業，依據其發生順序予以編號，由最右方主件的第一個作業編起，若遇到副件進入則需連續到副件的第一個作業編起，多個副件時依此類推，直到對最後一個副件編號後再回到主件流程。

(9) 最後於圖的下方列出作業彙總表，計算「操作」及「檢驗」作業的全部所需時間，以便尋找改善目標。

範例 2.2 操作程序圖

圖 2.5 為自行車車架裝配之操作程序圖，此自行車車架係由上管、下管、立管及車頭管裝配組成，閱讀此圖有助於瞭解自行車車架之製程、作業順序與零組件自製或外購及進入時程等資訊，分析人員可究購置原物料、零組件、工作方法、使用工具等方面提出存疑，探討有無可以改善之處。

操作程序圖

製造品名：車　架　　　　　　圖　　號：05303052-A
分 析 者：王小明　　　　　　日　　期：2005.12.23

車頭管HV-003　　　　立管VT-001　　　　下管DT-021　　　　上管DT-002

φ30*1.2T*145　　φ30.1*1.5T*584　　φ31.7*1.4T*633.3　　φ28.6*1.2T*580
碳素鋼　　　　　碳素鋼　　　　　　碳素鋼　　　　　　碳素鋼

22 (O-16) 裁管　　22 (O-10) 裁管　　23 (O-5) 裁管　　21 (O-1) 裁管

25 (O-17) 研磨　　12 (O-11) 鑽孔　　12 (O-6) 鑽孔　　22 (O-2) 沖凹口

22 (O-12) 沖凹口*2　　22 (O-7) 沖凹口*2　　25 (O-3) 研磨

25 (O-13) 研磨　　25 (O-8) 研磨

Guide S1083
φ10*5*15

五通管TX233　　　　Guide S1083
φ10*5*1560.18/74　　φ10*5*15　　　　14 (O-4) 焊Guide

33 (O-14) 點焊　　14 (O-9) 焊Guide

32 (O-15) 點焊

Guide S1083
32 (O-18) 點焊　　φ10*5*15

34 (O-19) 點焊

後叉上管RC-10
φ14/φ15.9/φ13*1.2T
碳素鋼　　36 (O-20) 點焊

後叉下管RC-20
φ22.2/φ14/φ14*1.2T
碳素鋼　　38 (O-21) 點焊

16 (O-22) 氬焊

36 (O-23) 研磨

D.W. [INS] 檢驗

附　　表

事　件	次　數	時　間
操　作	23	563秒
檢　驗	1	D.W.

✿ 圖 2.5　自行車車架之操作程序圖

2.2.2　流程程序圖(flow process charts)

　　流程程序圖(flow process charts)，為一種顯示工作過程中所發生之各項事件諸如操作(operation)、運輸或搬運(transport)、檢驗(inspection)、遲延(delay)及儲存(storage)等作業，請參考表 2.3 說明。再者其圖表內還包括有各工作所需的時間及其移動距離。流程程序圖其顯示的資訊較操作程序圖更詳細，因此流程程序圖之應用往往無法涵蓋整個裝配線，可針對某一個裝配或系統組件工作程序進行分析，在記錄非生產性的隱藏成本上(hidden cost)，流程程序圖特別有用，這些非生產性的隱藏成本包括長距離運輸、遲延與短暫性的儲存，一旦這些非生產的時間被突顯出來，分析人員可以設法改善使成本最小化。一般常用的流程程序圖的對象分為產品或物料以及操作或人員，分析時可依人與物分別加以探討，故可分別對人員的工作流程和物的流程加以改善，以求得較佳的成果。

表 2.3　美國機械工程師學會流程程序圖圖示

事件	英文	符號	說明
操作	OPERATION	○	3/8 吋（約 9.5mm）直徑圓。	凡改變物體型態所施予之活動均為一項操作，如裝配、拆卸、噴漆、車削、鑽孔等。
運輸	TRANSPORT	⇨	長及高約 3/8 吋（約 9.5mm）之箭號。	凡物體由一處被移動至另一處稱之運輸或搬運，但此種情形發生於操作及檢驗等作業中，則應將歸屬於該操作或檢驗作業動作。
儲存	STORAGE	▽	為一個長及高約 3/8 吋（約 9.5mm）之倒三角形。	凡物體放置於某處保存或等待在處理之現象稱為儲存。
遲延	DELAY	D	取英文第一個字母大寫 D 表示，其及高約 3/8 吋（約 9.5mm）。	凡工作中產生時間上的遲緩現象、等待或閒置稱為遲延，發生此種現象是浪費時間且不必要應避免。
檢驗	INSPECTION	□	為邊長約 3/8 吋（約 9.5mm）的正方形。	凡對人、物或製程所實施之觀察、檢查、量測等均列為檢驗，如量測產品尺寸是否符合規格、檢閱報告正確性等。

流程程序圖之繪製

繪製流程程序圖與操作程序圖相類似，依據下列步驟完成：

(1) 首先收集有關作業資料包括原料、零件名稱、料號、規格、數量、工作部門、日期、分析人員、現行或改善建議方法等。

(2) 設計流程程序圖分析用表格。

(3) 分析各工作順序，將「操作」、「檢驗」、「運輸」、「遲延」及「儲存」等作業依發生先後順序分別列出。

(4) 將「操作」、「檢驗」、「遲延」及「儲存」等作業應記載所需時間，而「運輸」則需記載搬運距離，若較短的搬運距離（如檢驗時對物件的翻轉），則可省略。

(5) 由第一個作業起，用線段將表上的符號相鄰兩作業相連，直到最後一個作業，即可得整個工作的作業流程。

(6) 最後將作業次數、時間、距離加以統計彙總記載於表上，以便作為改善的參考。

 範例 2.3　流程程序圖

圖 2.6 為以聚元針織廠 A4 機為例，繪製流程程序圖，圖中顯示操作有 10 次、建立記錄 1 次、運輸 4 次、儲存 1 次與檢驗 2 次，其中可選擇欲先改善的目標，如搬運布料至秤布處及儲存區距離太遠需改善。

流程程序圖							
現行方法:						日期:9 月 18 日	
工作地點:聚元針織廠 A4 機						機繪圖人:張明綾	
總結	操作	建立記錄		運輸	儲存	遲延	檢驗
次數,距離,時間	10	1		4	1	0	2

工作內容	事件符號	時間	距離	建議方法
穿針引線	● ⇨ ▽ D □	5		
機器開始運作	● ⇨ ▽ D □	1		
處理停機問題	● ⇨ ▽ D □	5		
巡查機器狀況	○ ⇨ ▽ D ■	10	15	
換長針	● ⇨ ▽ D □	2		
換短針	● ⇨ ▽ D □	2		
機器運轉時間	● ⇨ ▽ D □	30		
剪布	● ⇨ ▽ D □	1		
將布套上布套	● ⇨ ▽ D □	1		
扛布到台車上	● ⇨ ▽ D □	1		
至秤布處	○ ⇨ ▽ D □	3	25	
把布搬到秤上	● ⇨ ▽ D □	1		
秤布的重量	○ ⇨ ▽ D ■	1		
記錄布的重量	● ⇨ ▽ D □	1	11	
扛布到台車上	○ ⇨ ▽ D □	3	3	
運送至升降機上	○ ⇨ ▽ D □	2	5	
載送至儲存區	○ ⇨ ▽ D □	5	50	
存放	○ ⇨ ▼ D □			
	○ ⇨ ▽ D □			

✿ 圖 2.6　流程程序圖範例

 ### 2.2.3　流程圖或線圖(flow diagram or string diagram)

　　線圖係將人員、材料與設備工具之移動情況與所及範圍,按其比例尺寸於一平面圖或立體模型上於以標明,如此可明瞭人員或物料、產品零組件之行進途徑(path),如需顯示之對象種類或其程序不僅只有一種時,可分別採用實線、虛線或不同顏色線段、粗細線段表示,於線圖中所列之流程途徑,除使用線段表示外並以箭號標示其流動方向,且各作業亦需標明號碼表明其先

後順序。其主要用途在於清楚明白顯示人員或物料、產品零組件於製造過程中是否有迂迴現象(backtracking)，各零件間之製程是否有交叉等雜亂現象，而進行流程順序改善及機器設備布置規劃改善，使運送距離及動線合理化以降低成本。

線圖繪製方法

(1) 蒐集廠內各機器設備及各種設施布置資料，按比例尺繪製平面圖或立體布置圖。

(2) 蒐集分析對象（人員、產品）之流程程序圖。

(3) 按其流程程序圖上製程順序，依次列於布置圖上並用線段連接即為線圖。

(4) 為便於區別不同對象之流程，可運用不同顏色或線段形式繪製線圖。再者，為使線圖上能顯示出各製程所需之作業，可將流程程序圖上之操作、檢驗、搬運、遲延、儲存等作業，直接標明於布置圖上。

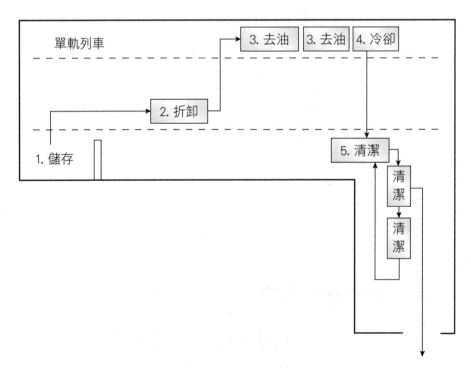

❀ 圖 2.7　引擎清潔線圖範例

2.2.4 人機程序圖(worker and machine process chart)

　　作業員於機器操作中可分為兩種週程時間，由作業員執行之操作稱為作業員工作週程(working cycle of operator)；而由機器作業的時間則稱為機器操作週程(operating cycle of machine)。而人機程序圖(worker and machine process chart)係將此兩種週程間之相互時間關係顯示於圖內，審視此圖可將作業員與機器數量及操作過程重新安排，使其無效時間或閒置時間(idle time)最少化，則人員與機器間配合能充分利用。今日工廠內許多機器為全自動化或半自動化，作業員在面對此類機器，其工作週程有大部分的時間處於閒置狀態。若能善用這些閒置時間，則可改善生產效率。因此，人機程序圖可以協助分析決定一位作業員最經濟可以操作的機器數量。

人機程序圖繪製方法

(1) 首先需明確說明人機程序圖主體，包括工作項目說明、作業員、機器操作時間等三欄，若機器不只一部時則依機器數量所需增加欄位。

(2) 分析作業員及機器工作週程內的操作項目內容，並按發生的順序予以記錄。

(3) 測定各操作人員與機器作業所需要的時間。

(4) 於圖的下方繪製彙總表，統計作業員及機器之操作與閒置時間。

(5) 由前表所得之結果，分析人機之空閒、等待原因，謀求改善對策，並預估其改善效果。

人機程序圖

操作名稱：鋁管鑽孔作業　　　　　　　　　　日期：2002.10.25
使用機台：2 號鑽床　　　　　　　　　　　　分析者：劉芝蘋

人機程序圖 作業員		經過時間		機器	
作業	時間	（秒）		時間	作業
將鋁條放至鑽孔機工作檯	10	--- --- --- --- __10　　10__		10	等待
啟動機器	1	__11　　11__		1	啟動機器
等待	6	--- --- __17		14	機器運轉
取噴槍	1	__18			
清理工作檯殘料	7	--- --- __25　　25__			
將成品移至再製品儲存區	3	--- --- __28　　28__		3	等待
		--- --- --- --- --- --- --- --- ---			

✿ 圖 2.8　人機程序圖範例

2.3 工業工程七大手法

　　如第一章所述，工業工程師旨在如何做出更好的事情(to do things better)或說凡事有更好的方法(there is always a better way)，工業工程師的目標為堅持原則、追根究柢，秉持好還要更好的理念，完成消除時間、金錢、材料、能源與其他用品等之浪費(wastes)，或日文所述之「無駄」。

　　在現場實務運用中，工業工程七大手法（IE 七大手法）最為人所熟知，是工業工程師或其他人員用來進行流程或其他活動改善的基本工具。IE 七大手法經由不同的運用與歸納有很多版本，但其中最常用的為：流程法、人機法、雙手法、動改法、抽查法、五五法、防呆法等七種。介紹如下：

1. 流程法

　　研究探討牽涉到幾個不同工作站或地點之流動關係，藉以發掘出可改善的地方。例如：本章所介紹的操作程序圖、流程程序圖、流程圖或線圖等。

2. 人機法

　　研究探討操作人員與機器工作的過程，藉以掘出可以改善的地方。例如：本章所介紹的人機程序圖等。

3. 雙手法

　　研究人體雙手在工作時的過程，藉以發掘出可以改善的地方。例如：第 3 章所介紹的操作人程序圖等。

4. 動改法

　　改善人體動作的方式，減少疲勞，使工作更為省時、省力、舒適、有效率。例如：第 3 章所介紹的動素分析、操作人程序圖、動作經濟原則等。

5. 抽查法

　　藉著抽樣觀察的方法能迅速有效地瞭解問題的真相或全貌。例如：第 7 章所介紹的工作抽查。

6. 五五法

藉著質問的技巧來發掘出改善的構想。內容請見下節進一步說明。

7. 防呆法

又稱防錯法。如何避免做錯事情，使工作第一次就做好。內容請見下節進一步說明。

 2.3.1　五五法

懷疑為改善之母，而且懷疑應是有具體方向且循序漸進，方能找尋問題的根源，在此介紹兩種方法：「WHY-WHY 分析法、5WHY 分析法」和「5WIH 分析法」。

1.「為什麼－為什麼分析法」（WHY-WHY 分析法）

也被稱為「5 個為什麼分析」（5WHY 分析），它是一種診斷性技術，被用來解釋根本原因以防止問題重演，藉由不斷提問為什麼前一個事件會發生，直到無法回答更好的理由時才停止提問。通常需要至少 5 個為什麼，但不一定剛好就是 5 個。例如以運轉的機器突然停止為例來進行分析，過程與結果如表 2.4 所示。

表 2.4 以 5WHY 分析來找出運轉機器突然停止的真因與根因

次數	為什麼 WHY	原因	解決對策
1	為什麼停止？	因為抽水機超負荷，保險絲燒斷了	更換保險絲
2	為什麼超負荷？	因為潤滑油不足	補充潤滑油
3	為什麼潤滑油不足？	因為 pump 不能充分吸入潤滑油	更換 pump
4	為什麼不能充分吸入潤滑油？	因為 pump 軸常常鬆脫	把軸鎖緊
5	為什麼軸常常鬆脫？	因為潤滑油中混有雜質	在潤滑油的入口處加裝過濾網（發現了真因與根因）

2. 「5WIH 分析法」

　　5W1H 分析法(Five Ws and one H)也稱六何分析法。它是一種思考方法，對選定的專案、流程、步驟或操作，都要從原因(WHY)、對象(WHAT)、地點(WHERE)、時間(WHEN)、人員(WHO)、方法(HOW)等六個方面提出問題進行思考，可使思考的內容深化、科學化。例如結合 5W1H 分析法與 5WHY 分析法為例來進行分析，過程與結果如表 2.5 所示。

表 2.5　5W1H 分析法與 5WHY 分析法的結合應用

5WIH	現狀分析	為什麼	能否改善
對象(WHAT)	生產什麼	為什麼生產這種產品	能否生產別的產品
原因(WHY)	什麼目的	為什麼是這種目的	能否還有別的目的
地點(WHERE)	在哪裡做	為什麼在那裡做	能否在別處做
時間(WHEN)	何時做	為什麼在那時做	能否在其他時間做
人員(WHO)	誰來做	為什麼由那人做	能否換別人做
方法(HOW)	怎麼做	為什麼那麼做	能否用其他方法做

　　綜合以上所述，「5WHY 分析法」和「5W1H 分析法」可以視現場實務需要，單獨使用或合併使用。並可以在進行「5WHY 分析法」或「5W1H 分析法」的基礎上，運用 ECRS 四原則，即取消(Eliminate)、合併(Combine)、重排(Rearrange)、簡化(Simplify)的原則，尋找改善方向，構思新的工作方法，以取代舊的工作方法，可以幫助工業工程師找到更好的方法和提升更佳的效率。

 ## 2.3.2　防呆法

　　防呆法又稱防錯法(Fool Proof)，就是如何去防止錯誤發生的方法。也就是連愚笨的人也不會做錯事的方法，故又稱為愚巧法。日本的品質管理專家，著名的豐田生產體系創建人新鄉重夫(shigeo shingo)先生根據長期從事現場品質改進的豐富經驗，提出 POKA-YOKE 的概念，並發展成為用以獲得零缺陷並免除品質檢驗的工具 。

狹義：如何設計一個東西，使錯誤絕不會發生。

廣義：如何設計一個東西，而使錯誤發生的機會減至最低的程度。

更具體的說防呆法就是：

即使有人為疏忽也不會發生錯誤的構造：不需要注意力。

外行人來做也不會錯的構造：不需要經驗與直覺。

不管是誰或在何時工作都不會出差錯的構造：不需要專門知識與高度的技能。

進行防呆法時的 4 原則有：使作業的動作輕鬆、使作業不要技能與直覺、使作業不會有危險、使作業不依賴感官等。

應用防呆法常用的 10 個原理介紹如下：

1. 斷根原理

將會造成錯誤的原因從根本上排除掉而不發生錯誤。

例：鑰匙不對，門就打不開。

例：車鑰匙跟辦公室鑰匙串在一起，開車上班後就不會進不了辦公室。

2. 保險原理

借用二個以上的動作共同或依序執行才能完成工作。

例：操作沖床工作，為預防操作人員不小心手被夾傷，所以設計成雙手必須同時按鈕，才能讓沖床動作。

3. 自動原理

以各種光學、電學、力學等原理來限制某些動作的執行或不執行，以避免錯誤發生。

例：抽水馬桶水箱的浮球，水升至某高度時，浮球會推動拉桿，停止進水。

例：電梯超載時，門關不上。

4. 相符原理

利用檢核是否相符合，來防止錯誤的發生。

例：電腦與印表機連結時，用相同形狀之連結線設計，使其能正確連接起來。

5. 順序原理

避免工作或流程之順序前後倒置，可依編號順序排列，可以避免錯誤發生。

例：操作程序圖上記載之工作順序，依數目字順序編列。

例：檔案在資料櫃內，每次拿出後，再放回去時常放錯地方，此時可用斜線標誌或標號的方式來改善。

6. 隔離原理

利用分隔的方式，來達到保護的目的，使不會發生危險或錯誤。隔離原理亦稱保護原理。

例：家中藥品放入專門櫃子加鎖並置於高處，防止小孩取用。

例：家中鍋子把手煮菜時太熱，需戴手套或濕布來拿。

7. 複製原理

同一件工作，如需做二次以上，可採用複製方式來達成，省時、省力、不錯誤。

例：刻印章、打鑰匙時，就是一種複製。

例：軍隊的長官下達命令後，下屬須將命令覆誦一遍以避免錯誤。

8. 層別原理

為避免將不同之工作做錯，而設計出區別。

例：所得稅申報單，將申報人必須填的範圍限定在粗線框內。

例：在生產線上，將不良品貼上紅色標籤，將良品貼上綠色標籤。

9. 警告原理

如有不正常的現象發生，能以聲光或其他方式顯示警告訊號，以避免錯誤發生。

例：開車快沒油時，警告燈就亮了。

例：開車時忘記繫安全帶，警告聲就響了。

10. 緩和原理

以各種方法來減少錯誤發生後所造成的損害，或降低損害程度。

例：為減少搬運途中的損傷，設計保麗龍或紙板隔層來搬運雞蛋。

例：開車時要繫好安全帶，騎機車要戴好安全帽，以緩衝車禍時受傷。

2.4　持續性改善(Kaizen)

客戶對產品或服務的需求與期望不斷提升，因此產品與系統的產出與表現也必須不斷的與時俱增。公司為達成此目的必須執行改善(Kaizen)計畫。

改善(Kaizen)為日文持續改進的意義(change for better)是一種過程或提高生產率的手段，旨在保持穩定而又持續的成長。改善活動從作業員端至管理階層，對組織中所有層級皆可推動，改善為涵蓋客戶導向的總稱(Imai, 1986)。然而，高層的支持為改善活動成功的基本要素。在改善活動中經常使用五個為什麼來確定問題的真正根源，例如：為什麼機器故障？真正問題的根源為磨損檢查沒有於保養計畫中，因此對問題需一一的追根究柢。

(1) 為什麼機器故障？　因為沒有控制信號；

(2) 為什麼沒有控制信號？　因為控制桿放置在錯誤位置；

(3) 為什麼控制桿放置在錯誤位置？　因為控制桿已磨損；

(4) 為什麼控制桿磨損？　因為磨損檢查間隔太長了；

(5) 為什麼磨損檢查間隔太長？　因為磨損檢查沒有於保養計畫中。

此外，針對不同的改善活動需求，如欲釐清問題可運用親和圖、關連圖，而展開方法可運用樹狀圖、矩陣圖、優勢矩陣圖等方法，說明如下：

1. 親和圖(Affinity Diagram)

通過邏輯分組將許多概念來識別與問題相關的主要主題，團隊成員使用索引卡來編寫與問題相關的單詞或短語。例如規劃新產品發表會（圖 2.9），

然後給每個分組一個標籤如場地布置與設備、發表會資料與茶點三個方面思考。

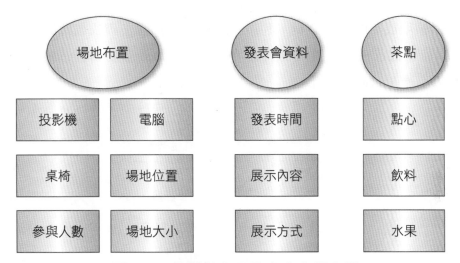

圖 2.9　規劃新產品發表會之親和圖

2. 關連圖(Interrelationship Diagram)

　　因素間有複雜的關係存在，想要知道會產生什麼樣的結果或明顯關係，以「原因－結果」不斷展開進行分析，是顯現選項問題之間的相互關係。首先將因素列在索引卡上。然後，添加箭頭以顯示哪個因素是對另一個因素的影響。例如圖 2.10 表示若教師未充分備課將會發生什麼問題。

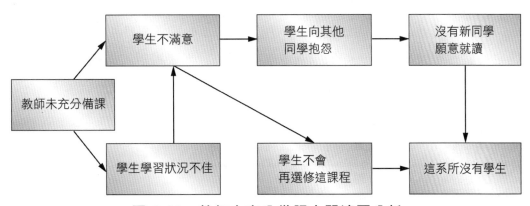

圖 2.10　教師未充分備課之關連圖分析

3. 樹狀圖(Tree diagram)

　　使用樹形圖可以幫助思考，從一般性轉移到細節層級，以「目的」、「手段」不斷循環展開的進行分析。利用不斷問「為什麼」尋找彼此間的關係。如圖 2.11 為改善授課品質之樹狀圖，從學生教學滿意度調查、教師培訓著手，再循環展開的進行分析。

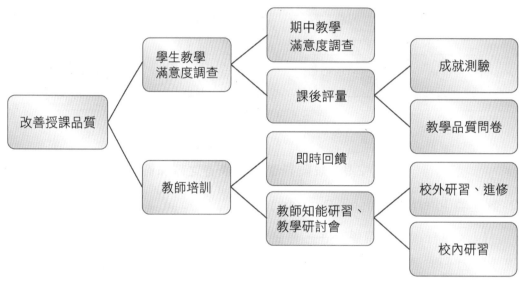

圖 2.11　改善授課品質之樹狀圖分析

4. 矩陣圖(Matrix Diagram)

　　矩陣圖傳遞群組之間的關係，兩種因素以上的問題事件中，尋找解決問題之適當對策簡單易懂。如表 2.6 決定新產品發表會場所之決策為市中心、接近捷運站、停車方便等項目，有三個地點可選擇可進行評估。

表 2.6　決定新產品發表會場所之決策矩陣圖

決策項目	地點一	地點二	地點三
接近市中心	有	無	有
接近捷運站	無	有	有
停車方便	有	無	無

5. 優勢矩陣圖(Prioritization Matrix)

使用加權數來協助在各種選項之間進行選擇，表 2.7 決定新產品發表會場所之決策優勢矩陣圖，接近市中心（權重 5）、接近捷運站（權重 7）、停車方便（權重 7）、成本（權重 8）、餐飲（權重 10），經計算後地點二分數最高。

表 2.7　決定新產品發表會場所之決策優勢矩陣圖

決策項目	加權	地點一	地點二	地點三
接近市中心	5	6	6	6
接近捷運站	7	1	6	6
停車方便	7	3	6	1
成本	8	3	3	3
餐飲	10	6	3	6
合計		142	168	163

持續性改善運用 PDCA 循環(Plan-Do-Check-Act cycle)或稱戴明循環(Deming cycle)或休華特循環(Shewhart cycle)。第一步是研究問題並製定解決問題的計劃(Plan)；第二步是確認實施計劃的地方(Do)；實施後，需要檢查改進情況，以確保其按計劃運行(Check)；如果不按計劃運作，可能需要進行修改 (Act)。改善活動成功與否除了高層的支持外更重要的是持續改善(continuous improvement)，如圖 2.12。需要不斷的執行改善計畫，1.從選擇欲改善的項目(SELECT)；2.記錄所有相關的事實行為(RECORD)；3.檢視關鍵的現象行為(EXAMINE)；4.發展實用、經濟及有效的方法(DEVELOP)；5.導入實施改善方法(INSTALL)，再重複執行改善活動。因此，基本的方法研究改善(methods study)或問題解決(problem-solving)之工具必須十分熟練。

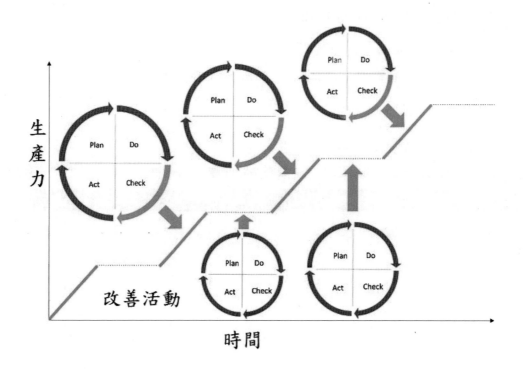

圖 2.12　持續改善之 P-D-C-A 循環

習 題
Exercise

一、選擇題

1. （　）機器干涉(machine interference)可由下列何者繪圖工具讀出數據？
   (A)人機程序圖(worker and machine process chart)　(B)組作業程序圖(gang process chart)　(C)操作程序圖(operation process chart)　(D)計畫評核術圖(PERT chart)　(E)流程程序圖(flow process chart)。

2. （　）隱藏成本的降低最容易由何種分析工具顯現出來？　(A)操作程序圖(operation process chart)　(B)人機程序圖(worker and machine process chart)　(C)流程程序圖(flow process chart)　(D)組作業程序圖(gang process chart)　(E)操作人程序圖(operator process chart)。

3. （　）如經理需了解其模具工廠內部的材料、產品行進動線與該工廠的內部配置，你會建議他使用：　(A)操作程序圖(operation process chart)　(B)線圖(flow diagram)　(C)人機程序圖(worker and machine process chart)　(D)左右手程序圖(operator process chart)　(E)組作業程序圖(gang process chart)。

4. （　）若想訓練新進人員使用較為理想的操作方法，應使用何種圖？
   (A)人機程序圖(worker and machine process chart)　(B)操作人程序圖(operator process chart)　(C)組作業程序圖(gang process chart)　(D)線圖(flow diagram)　(E)計畫評核術圖(PERT chart)。

5. （　）下列何種工具係從原料到產品做一鳥瞰式的通盤描述，以作為問題敘述及製程改善的基礎？　(A)操作程序圖(operation process chart)　(B)人機程序圖(worker and machine process chart)　(C)流程程序圖(flow process chart)　(D)組作業程序圖(gang process chart)　(E)操作人程序圖(operator process chart)。

6. （　）若以「物」為基準繪製流程程序圖(flow process chart)，則「車票」發給旅客應紀錄為：　(A)搬運　(B)檢驗　(C)操作　(D)遲延 (E)儲存。

7. （　）下列何種工具最適合用來分析高重複性的人工操作？　(A)人機程序圖(worker and machine process chart)　(B)組作業程序圖(gang process chart)　(C)操作人程序圖(operator process chart)　(D)流程程序圖(flow process chart)　(E)操作程序圖(operation process chart)。

8. （　）將左右手動作與配合之時間標尺做成記錄者為：　(A)操作人程序圖(operator process chart)　(B)人機程序圖(worker and machine process chart)　(C)操作程序圖(operation process chart)　(D)線圖 (fow diagram)　(E)流程程序圖(flow process chart)。

9. （　）為了能讓人與機器能做更有效地利用，應使用何種圖形？　(A)組作業程序圖　(B)人機程序圖　(C)操作程序圖　(D)工作分析圖 (E)學習曲線圖。

10. （　）下列何種圖形無法分析延遲時間？　(A)操作程序圖　(B)流程程序圖　(C)組作業程序圖　(D)左右手程序圖　(E)操作人程序圖。

11. （　）下列何者不是操作程序圖的用途？　(A)了解各零件或原料之規格、設計　(B)製造程序的精簡總表　(C)各操作與檢驗在生產線上的大致位置次序　(D)儲存分析與存貨管制　(E)工具設備之規格、形式和需要數量之分析。

12. （　）操作程序圖係將操作程序作一鳥瞰式的通盤描述，為求精簡製作時僅需操作與下列哪一種符號？　(A)搬運　(B)儲存　(C)檢驗 (D)遲延　(E)移動。

13. （　）在新產品研究發展過程中，常用下列哪種圖形來設定新生產：(A)操作程序圖　(B)操作人程序圖　(C)流程程序圖　(D)線圖　(E)聯合程序圖。

14. （ ） 作工廠布置的設計或改善時最適宜的圖示工具是： (A)PERT 圖 (B)線圖 (C)組作業圖 (D)人機圖 (E)操作人程序圖。

15. （ ） 「D」在程序圖中代表何意： (A)搬運 (B)檢驗 (C)操作 (D)遲延 (E)儲存。

16. （ ） 在流程程序圖以「口」符號表示： (A)操作 (B)檢驗 (C)儲存 (D)搬運 (E)延遲。

17. （ ） 若以「人」為基準繪製流程程序圖，則人走到倉庫應紀錄為： (A)搬運 (B)檢驗 (C)操作 (D)遲延 (E)儲存。

18. （ ） 工作研究之分析圖中，分析一群人共同做某項工作應採用何種分析圖： (A)線圖 (B)流程程序圖 (C)操作程序圖 (D)組作業程序圖 (E)人機程序圖。

19. （ ） 工作研究之分析圖中，分析工廠布置與物料搬運應採用何種分析圖： (A)流程程序圖 (B)線圖 (C)操作程序圖 (D)人機程序圖 (E)組作業程序圖。

20. （ ） 在人機圖上通常以虛線表示： (A)機器運轉 (B)人員作業 (C)人員閒餘 (D)機器的上下料 (E)機器閒餘。

21. （ ） 下列何者不是動作分析採用的方法？ (A)影片分析 (B)動素分析 (C)自覺施力的主觀評量 (D)雙手程序圖。

22. （ ） 從事物料流程分析時，下列哪一個圖表不適合用於分析流程，是否有迂迴(backtracking)，交叉(cross traffic)現象？ (A)從至圖(from to chart) (B) 流程程序圖(flow process chart) (C)操作程序圖(operation process chart) (D)線圖(flow diagram)。

23. （ ） 關於計畫評核術 PERT： (A)是魚骨圖的一種 (B)稱為網路圖或要徑圖 (C)圖形為簡單的長條圖 (D)又稱因果關係圖。

24. （ ） 下列敘述何者為非？ (A)操作程序圖依照物料移動程序，視情況運用操作、搬運、儲存、延遲及檢驗等五種符號，來顯示由原物

料的進料到最後包裝完成的整個過程。　(B)人機程序圖是為研究、分析以及改善一特定工作站時所用的工具，此圖可顯示人員工作週期與機器運轉週期兩者間準確的時間關係　(C)使用流程程序圖分析出問題後，較佳的操作單元改善考量順序，應為刪除、合併、重排和簡化。　(D)組作業程序圖最適用於多人操作多部機器之程序分析。

25. (　) 流程程序圖繪製而成後可接著製作以下哪一種圖？　(A)工作中心負荷圖　(B)組作業程序圖　(C)人機程序圖　(D)線圖。

26. (　) 哪一個不是流程程序圖應出現的標準符號？　(A)等待　(B)延遲　(C)檢驗　(D)搬運。

27. (　) 哪一個不是時間研究分析師在執行觀測工作時應遵守的事項？　(A)避免與作業員交談　(B)應盡量採取坐姿　(C)應站在作業員身後數呎的地方　(D)應避免妨礙作業員進行操作。

28. (　) 在生產線平衡中，將不同的作業（操作單元）劃分成工作站的目的為何？　(A)降低閒置時間　(B)減少作業人數　(C)增加搬運距離　(D)增加製程彈性。

29. (　) 下列哪一個不是改善製造程序時，分析師應考量的方法？　(A)更有效率地操作機器設備　(B)製造精確的形狀　(C)重新安排作業　(D)不使用機械手臂。

30. (　) 從事物料流事物料流程分析時，如果欲瞭解流程是否有迂迴(backtracking)與交叉(cross traffic)現象，不常用下列哪一個圖表：　(A)多產品程序圖(multi-products process chart)　(B)操作程序圖 (operation process chart)　(C)從至圖 (from to chart)　(D)線圖(string diagram)。

31. (　) 從事物料流事物料流程分析時，如果欲瞭解流程是否有迂迴(backtracking)與交叉(cross traffic)現象，不常用下列哪一個圖

表： (A)多產品程序圖(multi-products process chart) (B)操作程序圖 (operation process chart) (C)從至圖 (from to chart) (D)線圖 (string diagram)。

32. （ ） 流程程序圖常被用來描述一個製品的完整製造程序，程序圖中最重要之因素為？ (A)距離 (B)時間 (C)流程 (D)方法。

33. （ ） 為瞭解兩個品質特性間或原因影響結果的相關程度的技巧為？ (A)特性要因圖 (B)柏拉圖 (C)散布圖 (D)層別圖。

34. （ ） 以下有關程序分析技術之敘述，何者正確？ (A)分析整個製程採用流程程序圖(Flow process chart) (B)分析物料或人員的程序採操作程序圖(Operation process chart) (C)分析一群人共同作某項工作採操作人程序圖(Operator process chart) (D)分析工作流程與工廠佈置及搬運採用線圖(Flow diagram)。

35. （ ） 為改善作業方法，採用逐步分析整個工作程序的技術稱為？ (A)程序分析 (B)作業分析 (C)時間分析 (D)同步分析。

36. （ ） 下列有關流程程序圖(Flow Process Chart)符號的敘述何者錯誤？ (A)⇨搬運 (B)□儲存 (C)○加工 (D)◗停滯。

37. （ ） 下列何者「並未」應用泰勒先生(Frederick W. Taylor)提倡之科學管理原則？ (A)應根據資深員工的經驗來規劃產能 (B)應挑選最優秀的員工來執行最擅長的工作 (C)管理者與員工階級應建立起合作的氛圍 (D)員工與管理者的工作量應該相當。

38. （ ） 下列有關記錄與分析工具，下列敘述何者正確？ (A)操作程序圖可用來說明作業細節 (B)流程程序圖提供宏觀角度檢視整體作業 (C)動線圖可找出動線壅塞的區域 (D)人機程序圖可找出延遲發生的相關原因。

39. （ ） 當工廠面臨改善時，在程序改善環節中，有以下改善原則，何者為非？ (A)在程序改善上，以安全第一、品質第二為絕對條件

(B)減少停滯量及停滯次數　(C)增加再製品　(D)減少材料損傷與維持品質。

40.（　）工作研究之程序分析圖中，用來研究一群人共同從事的作業，把同時發生的動作並排在一起，以利分析，應採用何種分析圖？(A)操作人程序圖(Operator Process Chart)　(B)組作業程序圖(Gang Process Chart)　(C)操作程序圖(Operation Process Chart)(D)人機程序圖(Man-Machine Chart)。

41.（　）工作研究之分析圖中，主要於分析在同一時間（或同一操作週期）內，同一工作地點之各種動作，將機器與作業員在操作週期間之相互時間關係正確表示出來，為下列何者分析圖？　(A)操作人程序圖(Operator process chart)　(B)組作業程序圖(Gang process chart)　(C)多動作程序圖(Multiple activity process chart)(D)人機程序圖(Man-machine chart)。

42.（　）下列何者選項是工作研究正確實施步驟？①實施新方法、②評選新方案、③追檢與再評價、④發掘問題、⑤設計新方法、⑥現狀分析　(A)④⑤⑥②③①　(B)④⑥⑤②①③　(C)⑥④②⑤①③(D)④⑥⑤②③①。

43.（　）若需完整地實施工作研究的所有技術時，則應該最先實施的技術為？　(A)先進行時間研究以制訂標準工時　(B)先實施著眼於單一作業的詳細分析的作業分析技術　(C)先實施著眼於操作人員之細微動作分析的動作分析技術　(D)先實施著眼於整個製程的輪廓的程序分析技術。

44.（　）下列敘述何者為非？　(A)操作程序圖依照物料移動程序，視情況運用操作、搬運、儲存、延遲及檢驗等五種符號，來顯示由原物料的進料到最後包裝完成的整個過程　(B)人機程序圖是為研究、分析以及改善一特定工作站時所用的工具，此圖可顯示人員工作週期與機器運轉週期兩者間準確的時間關係　(C)使用流程程序圖

分析出問題後，較佳的操作單元改善考量順序，應為刪除、合併、重排和簡化　(D)人機程序圖最適用於一人操作多部機器之程序分析。

二、問答題

1. 請就你在某自助餐廳用餐之過程，從進入餐廳到用餐完畢出門為止，繪製人員之流程程序圖。

2. 請以製造一張書桌為例，繪製操作程序圖。

3. 請以一人操作一部影印機之情況，繪製人機程序圖。

4. 新埔自行車車廠欲降低車架立管的生產成本，試就下列立管製程繪製流程程序圖(flow process chart)進行分析？

> 工作物名稱：自行車立管
> 工作物件號：70R11-192A
> 製程如下：
> 1. 材料運制裁管區距離 4 公尺時間 10 秒
> 2. 裁管 22 秒
> 3. 送至暫存區距離 2 公尺時間 5 秒
> 4. 暫存 1 分鐘
> 5. 送至衝床區距離 2 公尺時間 5 秒
> 6. 衝凹口 22 秒
> 7. 送至研磨區距離 24 公尺 30 秒
> 8. 研磨 25 秒
> 9. 送至在製品暫存區 50 公尺 60 秒

5. 新埔工廠生產 X 產品，其中某製程如下：

請繪製該作業之人機程序圖，並計算總週程時間與機器作業率。

作業員之作業
1. 取工件放於治具上（5 秒）
2. 用鎚敲打治具上工件（10 秒）
3. 放治具（3 秒）
4. 開機（2 秒）
5. 停機（8 秒）
6. 取成品（10 秒）

機器作業
1. 放治具（3 秒）
2. 開機（2 秒）
3. 機器加工（1 分）
4. 停機（8 秒）

三、程序分析實習：壁虎車組裝作業之操作程序圖

1. 實習目的

   使學生熟悉操作程序分析，並經由工作站的改善與重新設計，使作業員有較良好之工作姿勢及較高之生產效率。

2. 實習設備

   (1)壁虎車組裝元件 2 套；(2)程序分析表格；(3)碼表。

3. 實習程序

   (1) 依現況操作壁虎車組裝一次。

   (2) 對現有作業方式進行操作程序分析。

   (3) 分組研討合理化改善方案。

   (4) 改善方案之分析與評估。

   (5) 依據改善方案再組裝一次壁虎車。

   (6) 再進行操作程序分析。

   (7) 報告撰寫及結論與建議。

◎ 注意事項

   1. 觀測時以正常速度為分析基準。

   2. 作業員之工作姿勢及現場作業環境之整理整頓為改善重點。

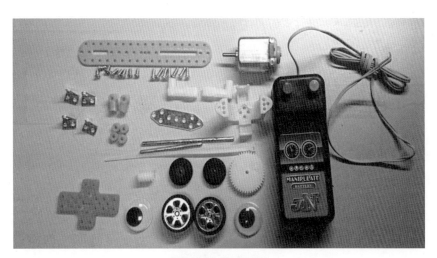

壁虎車零件圖

壁虎車組裝完成圖

MEMO

Work Study:
Methods, Standards and Desigh

動作研究與分析

Work Study:
Methods, Standards and Design

3.1　動作分析的意義與目的

　　方法研究為分析及尋求有效率的工作方法，從程序分析、作業分析及動作分析實為必經的途徑。從前幾章中，得知程序分析係從大處著眼，探討製造過程中是否有各種浪費發生，並運用各種程序圖於以記錄分析，從程序之重新安排中尋求有效率改革之方案。而另一方面，作業分析則更進一步就生產線上的工作站進行人機之間的協調與安排，以提高有效利用率。再者，動作分析係從小處著眼，縝密分析作業員於工作時之全身各部位動作情形，針對人體動作細微處之浪費，設法尋求其經濟之道。此所謂之經濟，已涵蓋省時、省力、安全之意。換言之，除了增進作業的生產與降低成本外，也需同時關注作業員的安全與健康議題。

　　動作分析的精義，旨在分析工作中的各項細微身體動作，予以詳細分析與檢討，運用刪除、合併、重組與簡化等方法改善其無效之動作，促進有效之動作更為便捷。其主要目的在於促進操作更為簡便及有效，使產出率增高，這裡所謂的產出完成率，不單只是產品的數量也包含服務。同時也可減低作業人員的疲勞。

　　整體而言，動作分析的主要目的有二：

(1) 發現人員在動作方面之無效或浪費，簡化操作方法，減少工人疲勞，進而訂定標準操作方法。

(2) 發現閒餘時間，刪除不必要之動作，進而預定動作時間標準。

　　動作分析理論係由吉爾伯斯夫婦所首創，最初為手部動作之研究，後經 Barnes 與 Niebel 等學者不斷研究分析進而修訂成「動作經濟原則(principles of motion economy)」；緊接著又合創動作影片(motion-picture)分析，為細微動作研究(micro-motion study)之骨幹。動作分析，因精確程度之不同，往往採用下列各種方法：

(1) 目視動作分析(visual motion analysis)

　　　　分析時即以目視觀察作業員之工作方法，進而繪製操作人程序圖而尋求改進。

(2) 動素分析(therbligs analysis)

　　吉爾伯斯夫婦針對手部動作進行研究，指出手部之基本動作可細分為 17 種基本要素，稱為動素(therbligs)，換言之，任何作業員之動作均可使用此 17 種動素予以分析，以謀求改進，最常用的分析工具是「操作人程序圖」。唯動素分析適用於重複性高且週期短之手動作研究。

(3) 影片分析(film analysis)

　　對於週期時間極短且具高度重複性的手動作，若使用目視動作研究或動素分析相當困難無法達成，先以攝影機針對各操作動作拍攝成影片，而後將影片放映並逐框而加以分析(frame by frame)則相當有效。影片分析因其拍攝速度之不同，又可分為細微動作研究(micro-motion study)及微速度動作研究(memo-motion study)兩種。

3.2 動素分析

　　吉爾伯斯夫婦(Frank B. Gilbreth & Lillian M. Gilbreth)從作業員手部動作的研究中顯示，任何工作不論是機器操作、裝配作業、撰寫報告等作業，係由一系列不同的基本動作所組成(fundamental movement)，並將其歸納為十七種「動素(therbligs)」（亦即 Gilbreth 的倒裝字），並於 1912 年的美國管理學會(American Management Association)首次發表。吉爾伯斯夫婦將這些動素依其特性分為(1)實體性(physical)；(2)目標性(objective)；(3)心智或半心智(mental or semi-mental)；(4)遲延性(delay)四種。

　　第一種及第二種類型動素為有助於工作進行之要素稱為生產性動素(productive therbligs)或有效動素(effective therbligs)，後兩類不僅對工作進展無益且會妨礙及延長作業時間，此類動素稱為非生產性動素(non-productive therbligs)或無效動素(ineffective therbligs)。第一類型動素包括伸手(reach)、移物(move)、握取(grasp)、放手(release)、預對(preposition)；第二類型動素包括應用(use)、裝配(assemble)、拆卸(disassemble)；第三類型動素包括尋找(search)、選擇(select)、對準(position)、檢驗(inspect)、計畫(plan)；第四類型動素包括遲延(unavoidable delay)、故延(avoidable delay)、持住(hold)、休息(rest)。

　　茲將各種動素的基本意義，逐條說明如下並見表 3.1 十七種動素之名稱、符號與定義：

(1) 伸手(Reach-RE)

　　意義：係指空手或未受任何阻力的情況下，移向或離開目標物（過去吉爾伯斯夫婦稱之為「運空(transport empty)」）。「伸手」通常緊緊跟隨在「放手」之後，而其後常緊隨「握取」，「伸手」所需的時間，取決於手移動的距離，以及「伸手」的種類。

　　起點：起始於手移向目標物，或目標位置的瞬間。

　　終點：終止於手抵達目標物或目標位置後，停止移動的瞬間。

(2) 移物(Move-M)

　　意義：移物或稱搬物係指以手將一物件由一地點，移至另一地點（過去吉爾勒斯夫婦稱之為「運實(transport loaded)」）。「移物」通常緊隨在「握取」之後，其後常緊隨「放手」或「對準」。「移物」所需的時間，決定於手移動的距離、手中負荷重量、以及「移物」的類別。「移物」是一種有效益的動素，通常不可去掉，但可從縮短移動距離、減輕負荷重量，及「移物」的類別加以改善。例如，移物至一個大概位置要比移物至一個精確位置簡單，記住這種觀念可改良「移物」的種類。

　　起點：起始於手有負荷，並開始朝目的地移動的瞬間。

　　終點：終止於手抵達目的地的瞬間。

(3) 握取(Grasp-G)

　　意義：係以手指環繞物件以便充分控制該物的基本動作。「握取」是一個有效益的動素，通常不可被除去，但可加以改善。

　　起點：此動素起始於手指環繞一目標物，且欲控制該目標物的瞬間。「握取」通常緊跟著在「伸手」之後發生，且其後常跟著「移物」。

　　終點：終止於充分控制該目標物的瞬間。

(4) 放手(Release-RL)

　　意義：係操作者將所持之物放開，為所有動素需時最小者。此動素通常緊隨在「移物」或「對準」之後，其後通常緊隨著「伸手」。

　　起點：起始於手開始離開物件的瞬間。

　　終點：終止於物件與手指完成分離的瞬間。此動素通常緊隨在「移物」或「對準」之後，其後通常緊隨著「伸手」。

(5) 預對(Pre-position-PP)

　　意義：「預對」係將一目標物放置一預定之位置，以便於後下移動作。此動素常與其他動素結合在一起，最常見的是「移物」。如轉動螺絲起子於一預定位置，以便於鎖螺絲動作。此動作即為「預對」。

　　起點：「預對」的起迄時間，甚難正確劃分，因此很難測計「預對」所需的時間。

　　終點：「預對」的起迄時間，甚難正確劃分，因此很難測計「預對」所需的時間。

(6) 應用(Use-U)

　　意義：「應用」為目標性的動素，也就是用手使用工具或裝置，從事生產性工作的動作。例如，在螺絲起子對準螺絲釘之後，用螺絲起子轉動螺絲釘的動作，即為應用。此動素亦和「檢驗」動素一樣，很容易分辨發生的時間。

　　起點：起始於手開始使用工具或器具的瞬間。

　　終點：終止於手停止使用工具或器具的瞬間。

(7) 裝配(Assembly-A)

　　意義：係將兩個物件結合在一起。「裝配」是目標性的動素，通常不可除去，但可加以改善。此動素通常緊接在「對準」或「移物」之後，而其後常緊隨「放手」。

　　起點：起始於兩個待接合物接觸的瞬間。

　　終點：終止於兩個物件，完成接合的瞬間。

(8) 拆卸(Disassembly-DA)

意義：「拆卸」恰為「裝配」相反之動素，也就是將兩個裝配完妥之物件予以拆離。「拆卸」亦為目標性的動素，通常不可去除，但可加以改善。此動素常緊隨在「握取」之後，而其後常緊隨「移物」或「放手」。

起點：起始於一手或兩手握取，且控制物件的瞬間。

終點：終止於待卸物件，完全從裝配件拆離的瞬間。

(9) 尋找(Search-SH)

意義：「尋找」係以眼或手等感覺器官去搜尋目標物的一段過程。也是動作分析致力要消除的動素，把工具和物件置放在正確的位置，是去除不必要尋找的典型方法。對於新進人員或是對工作不熟悉的人，尋找會經常發生，直到對所從事的工作很熟練，才會有所改善。

起點：始於感覺器官致力於尋找目標物的瞬間。

終點：在目標物適時被發現的瞬間終止。

(10) 選擇(Select-ST)

意義：「選擇」的動素係操作者自兩件或兩件以上的類似物件中選擇一件時發生。

起點：「選擇」通常緊接著在「尋找」之後發生，但極難分辨出確實的「尋找」終止點和「選擇」的起始瞬間。「選擇」並非一定發生在「尋找」之後，有時它可能會發生在「檢驗」動素之後。

終點：物體被選出。

(11) 對準(Position-P)

意義：係將目標物轉動或置放於特定的位置，此動素係在以一手或雙手，企圖放置一物件，俾使下一操作，更易於迅速實行時發生；如使鑰匙對準鑰匙孔，即是一個典型的例子。「對準」通常緊隨在「移物」之後，其後緊隨著放手。

起點：起始於控制物件的一手或雙手開始擺動、扭轉或滑動物體至一定位置的瞬間。

終點：終止於手移開物件的瞬間。

(12) 檢驗(Inspection-I)

意義：係檢查物件是否合乎可接受的品質。此動素很容易區別，如判斷其物件的品質是否可以接受，規格標準通常為尺寸、數量、形狀、重量、顏色及性能等，使得動作與動作之間有延遲，即屬於此動素發生的時機。「檢驗」所需的時間，決定於檢驗物和標準品差異的程度。

起點：開始檢查或試驗物體的瞬間。

終點：品質的優劣（接受與否）被決定的瞬間。

(13) 計畫(Plan-PN)

意義：係作業員在操作過程中的一種心理作用，而其形現於外，即為作業員考慮決定如何進行下一步驟。「計畫」發生的時間很容易分辨得出。例如，在裝配複雜配件時，考慮如何裝配。此動素通常可經由操作訓練而予以去除。

起點：起始於開始考慮的瞬間。

終點：終止於決定行動的瞬間。

(14) 遲延(Unavoidable Delay-UD)

意義：係在操作過程中，作業員因無法控制，因而發生不可避免之停頓，此即在操作過程中，一手或兩手所經過閒置時間。無法控制的因素，大都是因為操作過程的安排不恰當，或等待身體的其他部位工作而產生。例如，作業員以右手轉螺絲起子，左手閒置一旁，此種情況即為「遲延」。「遲延」通常可從變更製造程序，或更新工具設備來加以改善。

起點：起始於開始等候的瞬間。

終點：終止於等候結束，而開始恢復動作的瞬間。

(15) 故延(Avoidable Delay-AD)

意義：係在操作過程中，因作業員故意、怠慢或疏乎不注意之故，而所發生的任何延遲。例如，在操作過程中，作業員因私人事務，而暫停操作，即為故延。通常不須變更製程，即可將「故延」加以改善。

起點：起始於正常之操作程序受阻的瞬間。

終點：終止於正常之操作程序恢復之瞬間。

(16) 持住(Hold-H)

意義：係指一手對一目標物，繼續保持控制之狀態而言，此時目標物並無運動，但另一手則在進行有效的運作。「持住」是一個沒有效益的動素，應設計夾具來持物，使此動素能在操作過程中去除。例如左手持住螺絲釘，而右手則以螺絲帽裝配於螺絲釘上。而在此過程中，左手的動作即為動素「持住」。

起點：起始於手控制目標物的瞬間。

終點：終止於另一手完成對目標物的工作。

(17) 休息(Rest-R)

意義：係操作員因疲勞而停止工作，通常在一個操作週期與另一個操作週期之間發生。休息時間的長短，視工作性質及操作員之體質而定。

起點：停止工作之瞬間。

終點：恢復工作之瞬間。

表 3.1 十七種動素之名稱、符號和定義

分類		動素名稱		符號		符號說明	定義
類別	項目	中文	英文	文字	象形		
有效動素	第一類	伸手	Reach	RE	⌣	空手手心向上狀	空手接近或離開目標物之動作
		移物	Move	M	⌣	手心向上有物狀	將目標物從某位置移到另一位置之動作
		握取	Grasp	G	⌢	手指朝下準備取物狀	欲握持目標物之動作
		放手	Release	RL	⌢	手心朝下，物將掉落狀	放下手持之目標物

表 3.1　十七種動素之名稱、符號和定義（續）

分類			動素名稱		符號		符號說明	定義
類別	項目	中文	英文	文字	象形			
		預對	Preposition	PP	⌀	鑰匙孔狀	將目標物往目的方向移動，以便握取、對準或放手
第二類		應用	Use	U	∪	大寫英文字母 U	使用工具或設備對目標物進行加工
		裝配	Assemble	A	##	井字符號	將兩目標物組合成一體之動作
		拆卸	Disassemble	DA	++	雙十符號	將一組合體分解成兩個以上之目標物
無效動素	第三類	尋找	Search	SH	⊙	眼珠轉動狀	為確定目標物位置之動作
		選擇	Select	ST	→	箭頭	自多個類似目標物中選出物件之動作
		對準	Position	P	9	由孔中看準位置狀	將目標物置於定位，以利下一動作之進行
		檢驗	Inspection	I	○	放大鏡狀	將目標物與標準相比較之動作
		計畫	Plan	PN	㇏	手摸腦袋狀	內心思考下一步驟之作業方法
	第四類	遲延	Unavoidable Delay	UD	⌒	跌倒狀（不得已）	因作業員不可控制之因素而中止作業之狀態
		故延	Avoidable Delay	AD	⌐	睡覺狀（可避免）	因作業員可控制之因素而故意中止作業之狀態

表 3.1　十七種動素之名稱、符號和定義（續）

分類		動素名稱		符號		符號說明	定義
類別	項目	中文	英文	文字	象形		
	持住		Hold	H		磁鐵吸住鐵片狀	對目標物保持靜止之狀態
	休息		Rest	RT		坐下狀	因疲累而中止作業之狀態

3.3　操作人程序圖

　　操作人程序圖(operator process charts)又稱為雙手程序圖(two-handed process charts)或為左右手程序圖(left and right-hand process charts)。為一種特殊之工作程序圖，配合時間標尺(time scale)將左右手之動作，依其正確之相互關係記錄下來。目的是將各項操作更為詳細的記錄，以便分析並改進各項操作之動作。由於操作人程序圖所記錄與分析者，皆為最詳細之操作動作，可明顯區分有效動作與無效動作，依所分析的動素，可做為工具、夾具設計及工作站布置設計參考，再者運用「動作經濟原則」分析可達到改善目的，因此通常運用分析於具高度重複性的作業上。其分析目的與用途著重於平衡兩手動作減少疲勞，刪除或減少非生產性的動作，縮短生產操作之時間增加產量，訓練新進員工使用理想之操作之方法以及發展並推展新的方法。

操作人程序圖繪製方法

(1) 繪製操作人程序圖類似於其他程序圖，需先標明所繪製作業的主題及填寫各項辨識資料，再者將工作場所布置情形，按比例繪製簡圖，顯示工作站內各零件、材料及工具放置之相關位置。

(2) 其次約從簡圖下方取適當間隔，用以顯示操作人的左右手的操作動作，於程序圖的中央劃條垂直線，將圖分列為左右兩部分，分別記錄施行作業時的每一個動作之符號，此垂直線右邊代表右手之操作，而左邊代表左手之操作，並留有動作敘述欄及時間欄。

(3) 觀察操作人之左右手各項動作，運用適當符號記錄在垂直線旁，並依時間順序及相對關係，將左右手之動作對照排並列，在各該符號旁另以簡明以敘述說明。

(4) 一次記錄一隻手之操作，可由右手（或左手）開始或從工作最多之手開始，將整個週程記錄之後，再依相對關係記錄另一隻手之動作。選取適當的「起點」及「終點」，雖然因整個工作循環週而復始，但一般均以加工完成件之放下後(release)為整個週程之起點。

(5) 同一時間內發生之動作，應在同等之線上予以記錄，若依次序發生之動作必須在不同之水平線上記錄時，兩手之時間關係須就圖加以檢驗。盡量避免將操作及運送或對準之動作相合併，如果確在同一時間發生須就圖加以檢驗。

範例 3.1　操作人程序圖

圖 3.1 為鋁管鑽孔操作人程序圖範例，其作業為將鋁管上鑽孔後，以利後續裝配。由操作人程序圖中得知，左手動作中延遲性動素－持住(HOLD)太多。右手於組裝時零件的選擇及至工作區選取工具等動作亦為無效動素即為阻礙工作之進行因素。其改善方法為增設夾具，利用夾具將鋁條夾住減少左手持住時間，平衡兩手動作減少疲勞，再者利用特殊設計盒將零件工具分類且預放於固定位置限於正作業域之內，訓練工人熟悉工作方法使減少選取時間。

操作人程序圖

件　號：A03	圖號：A003	日期：2002.10.25	第 1 頁共 1 頁

操作：鑽孔作業

研究者：陳佳龍	部門：工業工程課	工廠：生產線三

	統計			
	現行		建議	
方法	L.H	R.H	L.H	R.L
操作	11	10		
檢驗				
運送	2	3		
等待				
儲存				
合計	13	13		

左　　　手	時間（秒）	符　號		時間（秒）	右　　　手
握取鋁管	0.2	G	G	0.2	握取鋁管
移到鑽孔機	0.18	M	M	0.18	移到鑽孔機
持住	8.2	H	A	8.2	敲打入模
持住	2.0	H	U	2.0	啟動鑽孔機
持住	2.0	H	RE	2.0	移到材料堆放處
持住	2.0	H	ST	2.0	選擇工具
持住	0.2	H	G	0.2	握取工具
持住	0.2	H	M	0.2	工具移到鋁管
持住	2.0	H	A	2.0	鋁管加工
持住	0.1	H	RL	0.1	放回工具
旋轉鋁管	3.0	M	M	3.0	旋轉鋁管
移至下一工作站	1.0	M	M	1.0	移至下一工作站
放下鋁管	0.2	RL	RL	0.2	放下鋁管
移到鑽孔機旁	1.0	RE	RE	1.0	移到鑽孔機旁

✿ 圖 3.1　操作人程序圖

3.4　動作經濟原則

　　動作分析的理論係由吉爾伯斯夫婦所首創，最初為手部動作之研究，後經 Barnes 與 Niebel 等學者不斷研究分析進而修訂成「動作經濟原則 (principles of motion economy)」，其目的在為尋求一個經濟有效的操作動作，善用身體動作及較佳的工作站布置，使便於運用工具與設備，以節省體力與時間，同時也降低作業員之疲勞。動作經濟原則可歸納為三大類計 21 條，第一類為關於人體動作之運用(use of human body)；第二類為關於工作場所布置 (arrangement of the work place)；第三類為關於工具設備設計(design of tools and equipment)。

第一類為關於人體動作之運用：

原則 1： 雙手應同時開始並同時完成其動作，除規定休息時間外，雙手不應同時空閒。

原則 2： 雙臂之動作應對稱、反向並同時為之。

說明： 此兩項原則相互關連，其主要關鍵為「雙手、同時、對稱動作」，於工作中雙手均應動作，且以同時及對稱動動作為佳。以裝配螺絲釘為例，某一製程中需一螺絲釘，此螺絲釘需與橡皮墊圈（產業界通稱為華司為英文 washer 之譯音）、平墊圈、彈簧墊圈等組裝，傳統之方法是將橡皮墊圈、平墊圈、彈簧墊圈與螺絲釘依序放置於零件盒中，如圖 3.2 所示其零件盒共有 5 個。其裝配程序為左手取一螺絲持住，右手依次取一橡皮墊圈、平墊圈與彈簧墊圈裝入螺絲，最後將成品放入成品箱中。若將零件箱改善為梯型布置如圖所示，並應用「雙手、同時、對稱動作」之原則，於裝配時雙手各自(A)處取橡皮墊圈放置於裝配槽內(E)處，再各自(B)處、(C)處分別取一平墊圈、彈簧墊圈裝入裝配槽內(E)處，最後雙手同時於(D)處各取一螺絲插入於裝配槽內(E)處，最終步驟為雙手將螺絲完成件放置於(F)處，而螺絲完成件將會自動落入成品箱內。如此簡單的改善可增加近 50%的生產力。

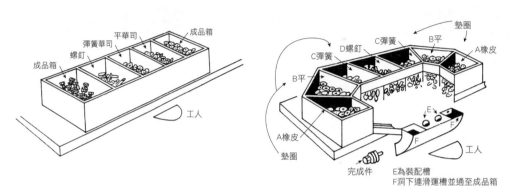

🌸 圖 3.2　螺絲裝配作業

原則 3： 人體之動作應盡量應用最低等級之動作且能達成作業所需者為之。

說明： 人體之動作是其運用之身體部位不同而區分為五種等級，如下表 3.2 所示凡後一級之動作皆包括前一級之動作，如第 5 級的動作皆包含前 4 級之動作，為求動作經濟省力，為滿足作業之要求下應盡量使用最低等級之動作，此概念為許多改善之原點，如於作業時需將工具、零件、材料等，盡量接近於工作站以避免產生彎腰取物、俯身、轉身及走路等不經濟且耗力的第 5 級動作。再者，若原本使用人力加工，經改善後導入自動化裝配系統，將可大幅降低動作等級的需求。

表 3.2	人體五種活動等級	

等級	運動關節	運動部位
1	指節	手指
2	手腕	手指與手掌
3	手肘	手指、手掌及前臂
4	肩關節	手指、手掌、前臂及上臂
5	身體全身	手指、手掌、前臂、上臂、肩膀、軀幹、腿及腳之動作

🔍 實例設計說明

　　一般大型辦公桌桌面較為寬大，然而於桌緣外側因離座位較遠，若需取物時必須起身，此時已運用到第 5 級之動作，故可將辦公桌改為 L 型之布置，將所有桌面區域皆於伸手可及之處，故改善後動作等級最多用第 4 級動作即可。如圖 3.3 所示。

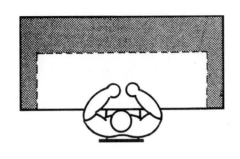 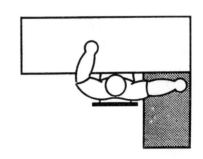

✿ 圖 3.3　辦公桌改善

原則 4： 物體之運動量應盡可能利用之，但如需用肌力制止時，則應將其減至最小程度。

原則 5： 連續之曲線運動，較含有方向突變之直線運動為佳。

原則 6： 彈道式之運動，較受限制或受控制之運動輕快落實。

原則 7： 動作應盡可能使用輕鬆自然節奏。

說明： 任何運動即會產生動量，此動量為運動物體質量與速度的乘積。於工作中之物體或人體移動皆會產生動量，若能充分利用運動量有助於工作進行，反之若使用肌力使動量降低，不但動量無法有效利用，同時也倍增疲勞。故工具的設計需考量動量之影響，若動量非作業所需，工作時宜使用較輕便之工具。相對的若作業需動量才能完成（如敲擊作業），則過輕之工具反而需使作業員加倍用力，因此工具、容器等必須視實際情況需求選用合適設計。再者，工作中若採直線方向突變之移動方式，如下圖 3.4 所示，由 A 點為起始點，開始運動時需使用肌力產生加速度(a)，而後維持等速前進，然而於 B 點前需減速後改變運動方向至 C 點，以此類推至 C 點後又需減速朝 D 點前進，因此於運動過程中不斷發生加速度與減速度，使肌肉易於疲勞且時間也耗費較多，而使用連續曲線運動，除於起始點 A 需產生加速度外，其餘各點皆可以等速運動，直到於終點前才開始減速，如此運動能較圓滑快速、省力不易疲勞。此外依據來回繪製一直線（10 吋）實驗結果，即由 A 點至 B 點後再返回 A 點，經測時分析後顯示，開始時期加速時

間占一次來回總時間之 38%，中間等速運動時間只占 18%，將至終點
的減速時間則占 27%，達 B 點後回程改變方向的時間占 17%，如所畫
之直線段越短，則終點回程改變方向的時間占據時間比例越高，若繪
製 5 吋之直線段則終點回程改變方向的時間占時間比例高達 25%。

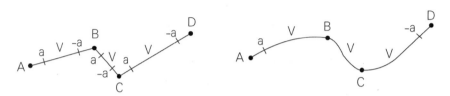

🌼 圖 3.4　直線運動與曲線運動

🔍 實例設計說明

使用大鐵鎚從事敲擊作業，上下揮動大鐵鎚若方法正確其效率可達
9.4%，若揮動方法不當其效率只有 7～8%，因上下揮動之敲擊方法，當鐵鎚
向上移動時所產生之動量，未能加以運用且同時還需使用肌力來控制。若將
敲擊方法改為由後揮上於前方打下成一圓弧型運動，由後方往上揮動之動量
可以充分加以運用，其效率可達 20.2%，如圖 3.5 所示。

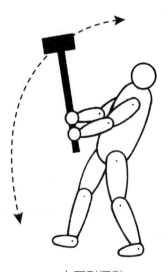
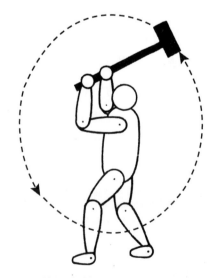

上下型揮動　　　　　　　　後面上前面下圓弧型揮動

🌼 圖 3.5　敲擊作業

第二類為關於工作場所布置：

原則 8：　工具物料應置於固定場所。

原則 9：　工具物料及裝置應置於工作者面前或近處。

原則 10：零件物料之供給應利用其重量墜至工作者手邊。

原則 11：應盡可能利用「墜送」的方式。

原則 12：工具物料應依照最佳之工作順序排列。

原則 13：應有適當的照明設備。

說明：人體的動作應最多只能選用可持久有效之第 3 級動作，其範圍以雙手
　　　自然下垂，以手肘為中心前臂為半徑所達的空間範圍，稱為「正常工
　　　作範圍(normal working area)」，若工具機械特殊龐大或零件材料眾多
　　　無法簡化下，人體動作最多僅能應用第 4 級之動作，其範圍以肩為中
　　　心，整個手臂為半徑所能達到之空間範圍，稱為「最大工作範圍
　　　(maximum working area)」，如下圖 3.6 所示。

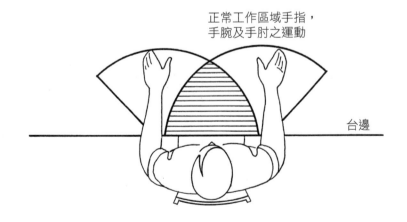

水平面上的最大與正常工作面積

✿ **圖 3.6　正常工作範圍及最大工作範圍**

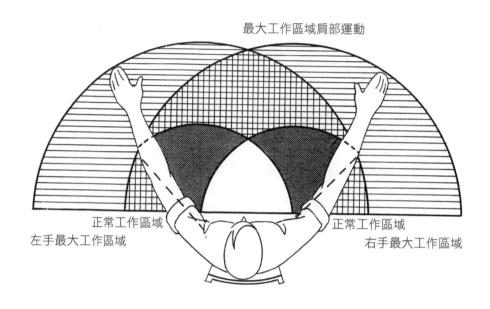

在水平面上之正常工作範圍及最大工作範圍

⚙ 圖 3.6　正常工作範圍及最大工作範圍（續）

🔍 實例設計說明

　　於工作場所內之裝配線布置，通常為依據裝配順序線性排列（如圖 3.7），如此布置最外側之零件盒將超出最大工作範圍，因此需改善為依據人體雙手自然運動軌跡設計布置為圓弧形，將所有的零件盒盡量接近中央的夾具與裝配員，如圖 3.7(b)所示，其距離 Y 與範圍 A 應盡可能越小越好。若零件盒較多還可以使用上下垂直布置的方式，使零件盒與成品盒均成圓弧形，以因應雙手之動作軌跡範圍，且零件盒設計有傾斜度，可使零件滾至邊緣以接近裝配員增加其裝配效率。

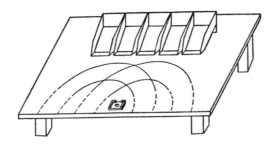

(a) 不正確的工作場所布置

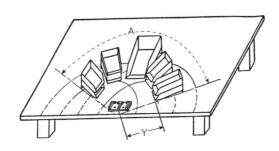

(b) 正確的工作場所布置

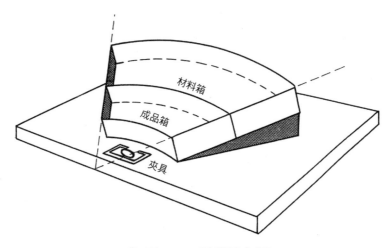

✿ 圖 3.7　配製線布置

原則 14：工作台及椅子高度應使工作者坐立適宜。

原則 15：工作椅之式樣及高度應可使工作者保持良好姿勢。

實例設計說明

　　作業員於工作站前操作所使用之坐椅，其高度應與工作台相配合，需可以調整始能容易保持良好工作姿勢，如 Choobineh(2004; 2007)提出避免肌肉骨骼傷害之手編織地毯之工作站設計（圖 3.8），坐椅高為膝窩高加上 15 公分、座墊前傾 10 度，而編織台需高於膝蓋 20 公分，依此設計之工作站將可有效的改進作業員之工作姿勢，避免累積性的肌肉骨骼傷害。而荷蘭學者 Delleman 與 Dul(2002)探討縫紉機台設計問題，包括桌面高度、桌面傾斜度與踏板位置等因素，其建議設計尺寸為：桌面高度應可調整至膝高上 5～15 公分，且桌面也需傾斜 10 度而踏板位置位於縫紉針軸線之桌下，如圖 3.9，如此調整將使作業員能降低肌肉骨骼傷害。而韓國學者 Jung(2005)提出可調整桌椅的設計，可依據人員的身材調整，達到以事適人的原則(fitting tasks to the human)，如圖 3.10。

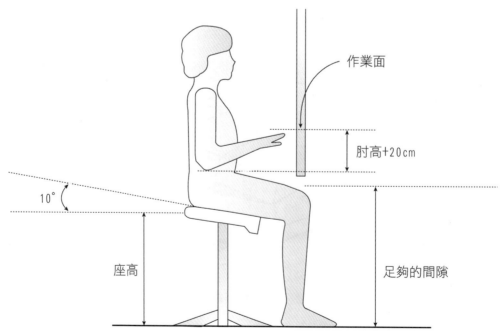

✿ 圖 3.8 Choobieh 建議之編織地毯工作站

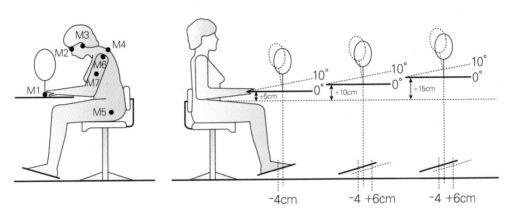

✿ 圖 3.9 Delleman 與 Dul 建議之縫紉機台設計

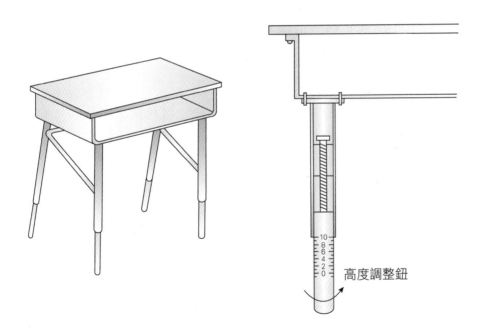

高度調整鈕

✿ 圖 3.10 Jung 建議之可調桌椅設計

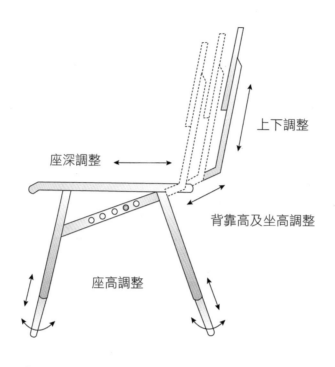

座深調整

上下調整

背靠高及坐高調整

座高調整

✿ 圖 3.10　Jung 建議之可調桌椅設計（續）

第三類為關於工具設備設計：

原則 16： 盡量解除手部工作，而以夾具或足踏工具代替之。

原則 17： 可能時，應將兩種工具合併為之。

原則 18： 工作物料應盡可能預放在工作位置。

原則 19： 手指分別工作時，各指負荷應予以分配。

原則 20： 手柄之設計，應盡可能增加與手接觸面積。

原則 21： 機器上槓桿、十字桿及手輪位置，應能使工作者極少變動其姿勢，
且能利用機械之機械能力。

🔍 實例設計說明

　　動作經濟原則的前三項要點為雙手同時對稱動作，然而工作場所並未提
供適當之夾具，使於作業時作業員需一手持物一手作業，致使作業效率較

差。是故工作場所必須設置各式有效之夾具，方可改善以一手持物之浪費。若此夾具之操作以腳踏板之方式為之，更能節省手部之動作使工作效率倍增。如圖 3.11 所示，此為腳踏鉗台之操作，而圖 3.12 為腳踏式點焊機之例，運用腳踏板控制點鉎機，而雙手可以從事放置零件之動作。

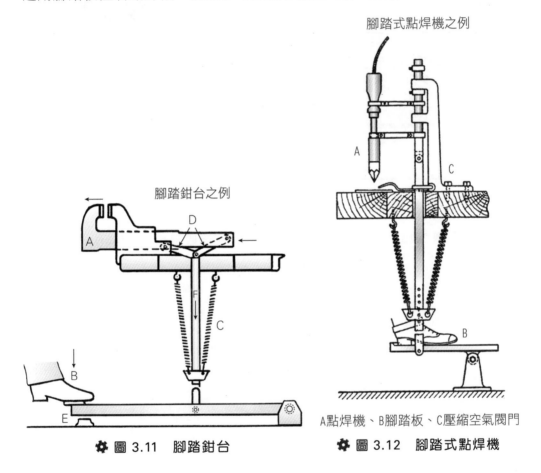

腳踏式點焊機之例

腳踏鉗台之例

A點焊機、B腳踏板、C壓縮空氣閥門

✿ 圖 3.11　腳踏鉗台　　　　　✿ 圖 3.12　腳踏式點焊機

綜合應用實例：超市收銀台設計

　　Das 與 Sengupta(1996)運用人因工程的系統方法設計超市收銀台，其設計關鍵尺寸為工作台高度(work height)、正常與最大伸手範圍(normal and maximum reaches)、間隙(lateral clearance)與眼睛高度與視角(eye height and angle of vision)，且圖 3.13 為其建議之尺寸設計。Carrasco 等人(1995)也提出超市收銀台之建議改善，如圖 3.14。

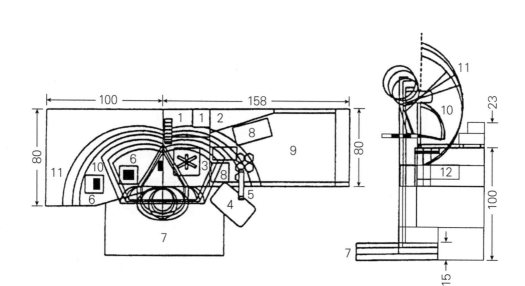

✿ 圖 3.13　Das 與 Sengupta 建議之超市收銀台尺寸(cm)

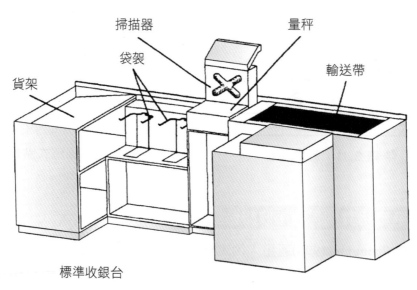

✿ 圖 3.14　Carrasco 等人建議之收銀台設計

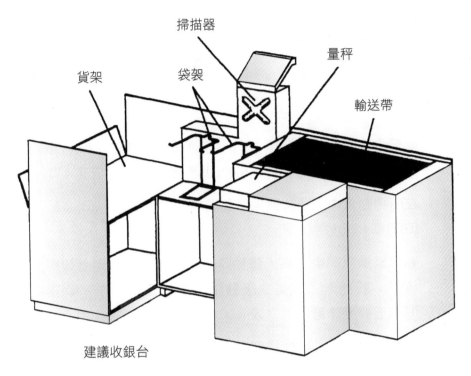

掃描器

量秤

貨架　　　袋袈

輸送帶

建議收銀台

✿ 圖 3.14　Carrasco 等人建議之收銀台設計（續）

習題
Exercise

一、選擇題

1. （　　）動素分析的適用場合是：　(A)非重複性之操作　(B)較複雜與精細之動作　(C)簡單之動作　(D)以上皆是　(E)以上皆非。

2. （　　）在下列動素中，費時最少之動素為：　(A)握取　(B)裝配　(C)計畫　(D)對準　(E)放手。

3. （　　）動作經濟原則中，將人體動作分成五級，下列何者最經濟有效：(A)第一級動作　(B)第二級動作　(C)第三級動作　(D)第四級動作　(E)第五級動作最經濟有效。

4. （　　）下列哪個動素，可以透過訓練，使時間減少？　(A)檢驗　(B)休息　(C)計劃　(D)故延　(E)放手。

5. （　　）下列哪一個說法不符合動作經濟原則？　(A)雙手對稱進行工作　(B)盡量利用物之重力　(C)以手持住零件以利工作　(D)連續曲線動作優於方向突變的直線動作　(E)雙手同時開始動作。

6. （　　）約翰在進行大型物件包裝作業時，建議將繩索用人工方式一圈又一圈捆綁之傳統的打包方式，改為機械自動捆綁方式，其改善的理由是依照以下所述何種動作經濟原則？　(A)利用重力物料的墜送　(B)連續之曲線運動較含有方向突變之直線運動為佳　(C)手指的負荷能力按照基本能力分配　(D)適當的照明設備　(E)手之動作應以用最低等級為主。

7. （　　）十七種動素(therbligs)可分為第一類：進行工作必要的動素；第二類：阻礙第一類工作進行的動素；第三類：對工作無益的動素，請問下列何者為第二類動素？　(A)拆卸(disassemble)　(B)移動(move)　(C)對準(position)　(D)遲延(unavoidable delay)　(E)計畫(plan)。

8. （　）以器具來握取，在動素分析上應視為：　(A)握取　(B)應用　(C)持住　(D)對準　(E)裝配。

9. （　）操作人程序圖之分析應從下列何者開始較佳？　(A)移物　(B)伸手　(C)持住　(D)對準　(E)應用。

10. （　）下列哪一個動素是無效而應予以去除或改善的？　(A)伸手　(B)選擇　(C)移物　(D)放手　(E)握取。

11. （　）下列哪一個敘述不符合動作經濟原則？　(A)雙手的動作應同時、反向、對稱　(B)手之動作應以級次最高者為之　(C)盡量應用物之自然重力　(D)曲線運動較直線且有方向轉折的運動為佳　(E)工具物料應置放於固定處所。

12. （　）按鍵電話應用之手部動作等級為：　(A)1 級　(B)2 級　(C)3 級　(D)4 級　(E)5 級。

13. （　）以手推車運送零件應屬：　(A)操作　(B)搬運　(C)遲延　(D)儲存　(E)檢驗。

14. （　）某人戴手套握住鉛筆，應視為：　(A)握取　(B)應用　(C)移物　(D)裝配　(E)伸手。

15. （　）以下何者不屬於動作經濟原則應用的範圍？　(A)關於基本的動作時間計算　(B)關於人體的運用　(C)關於工具的設計　(D)關於工作場所的布置　(E)關於工作場所的環境。

16. （　）下列何者並不屬於吉爾伯斯(Gilbreths)所研究出的動素？　(A)握取　(B)對準　(C)旋轉　(D)裝配　(E)選擇。

17. （　）下列哪一個敘述不符合動作經濟原則？　(A)曲線運動較直線而方向突變的運動為佳　(B)雙手的動作應同時、對稱為之　(C)手之動作應以級次最高者為之　(D)儘量應用物之自然力。

18. （　）人體之動作可分為五級，請問手指及手腕動作屬於第幾級：　(A)1 級　(B)2 級　(C)3 級　(D)4 級　(E)5 級。

19. （　　） 動素的分類中，下列何者為有效動素，不需要予以消除？
(A)Select (S) (B)Position (P)　(C)Pre-position (PP)　(D)Inspection。

20. （　　） 在作鎖緊螺絲釘的裝配工作時，右手伸手 27 公分能拿起子時，
若左手中正拿著一顆螺絲準備使用，此時左手的動作應記載為
(A)Hold(H)　(B)Use (U)　(C)Pre-position (PP)　(D)Release (RL)。

21. （　　） 下列何者不是動作分析採用的方法？　(A)影片分析　(B)動素分析
(C)自覺施力的主觀評量　(D)雙手程序圖。

22. （　　） 在某鋼筆筆身以半自動車床進行，程序包含：進料 30 秒；車削
120 秒；退料 10 秒。此機器能自動車削和自動停止，但進料與退
料需人員操作。操作者由一部車床移動至緊鄰著的一部車床約需
時 5 秒。請問一位人員最多約可同時操作幾部車床而不會增加該
作業的週期時間？　(A)1 部　(B)2 部　(C)3 部　(D)4 部。

23. （　　） 某一生產線包括四個工作站，依序為 A、B、C、D。假設各工作
站的操作時間依序為 0.42，0.72，0.8，1 分鐘，每站分別有 3，
6，6，8 個員工。若欲增進生產效率，應改善哪一個工作站？
(A)A 站　(B)B 站　(C)C 站　(D)D 站。

24. （　　） 某工廠每天需完成手電筒 2,500 支，該廠每天 10 小時的工作時
間中，平均有 15%的停置時間，80%的工作效率，若機器生產每
一個產品的標準時間為 0.45 分鐘，那麼需幾台機器同時生產，才
能完成每天所需之產量？　(A)3 台機器　(B)4 台機器　(C)5 台機
器　(D)6 台機器。

25. （　　） 製作移動圖(Travel Chart)或從至圖(From-To Chart)時，表中的數值
不適合使用下列何者作記錄？　(A)搬運半成品的重量　(B)堆高機
移動的距離　(C)不良品的比例　(D)人員走動的頻率。

26. （　　） 動素的分類中，下列何者為有效動素，不需要予以消除？
(A)Select (S)　(B)Position (P)　(C)Pre-position (PP)　(D)Inspect
(I)。

27. （　） 在作鎖緊螺絲釘的裝配工作時，右手伸手 27 公分能拿起子時，若左手中正拿著一顆螺絲準備使用，此時左手的動作應記載為：(A)Hold (H)　(B)Use (U)　(C)Pre-position (PP)　(D)Release (RL)。

28. （　） 下列哪項動作違反動作經濟原則？　(A)雙手同時開始同時結束　(B)運用身體的自然節奏　(C)運用彈道的運動來減少施力　(D)儘量使用連續直線的動作。

29. （　） 下列何者不是動作分析採用的方法？　(A)影片分析　(B)動素分析　(C)自覺施力的主觀評量　(D)雙手程序圖。

30. （　） 在做流程程序圖(Flow Process Chart)時，正方形符號「□」代表？(A)操作　(B)搬運　(C)儲存　(D)檢驗。

31. （　） 使用手指環繞放在桌上的原子筆是屬於下列哪一個動素？　(A)伸手　(B)握取　(C)對準　(D)裝配。

32. （　） 人體動作之基本要素細分為十七種動素歸納成三大類，第一類：進行工作之動素；第二類：阻礙第一類工作動素之進行；第三類：對工作無益之動素，請問下列何者為第三類動素？　(A)選擇(Select-ST)　(B)遲延 (Unavoidable delay-UD)　(C)放手(Release Load-RL)　(D)應用(Use-U)。

33. （　） 人員雙手自然下垂的姿勢下，以手肘為中心，前臂為半徑，手部輕易可及範圍，稱為以下何者？　(A)拘束因素　(B)作業區域　(C)最大工作範圍　(D)正常工作範圍。

34. （　） 關於動作研究(motion study)之描述，下列何者正確？　(A)創始者為卡爾巴斯(Carl G. Barth)　(B)消除必要的動作　(C)建立最適當的動作順序　(D)簡化不必要的動作。

35. （　） 下列那一個敘述不符合動作經濟原則？　(A)曲線運動較直線且有方向轉折的運動為佳　(B)手之動作應以級次最高者為之　(C)雙手的動作應同時、反向、對稱　(D)儘量應用物之自然重力。

36. （　）　影片分析(Film analysis)可將錄製的作業重複再現，詳細作成分析，下列描述何者為非？　(A)影片分析(Film analysis)可依拍攝速度之不同，探討一連貫之基本動作　(B)觀察作業中的動作，當場要使用「動素」來記錄，需要具有高度熟練的人才能勝任　(C)分析細部動作時，可採用每秒 16 框的速度錄影，詳細檢討目視分析上容易疏忽動作　(D)普通速度錄影，對於長時間作業與非重複性作業分析，掌握其作業流程甚為有效。

37. （　）　微速度動作研究(Memo-motion study)，它通常可適用於下列各種情形，下列描述何者為非？　(A)單一個體之工作狀態下　(B)長時間之操作週期　(C)長時期研究　(D)不成週期等不規則之操作。

38. （　）　微速度動作研究(Memo-motion study)用以作為動作研究之工具，下列描述何者為非？　(A)減少影片費用　(B)減少影片之分析時間　(C)減少增置新設備　(D)減少對操作人員心理上的干擾。

39. （　）　在執行鎖緊螺絲釘的裝配工作時，右手正拿著起子鎖螺絲，此時右手的動作應記載為：　(A)Hold (H)　(B)Use (U)　(C)Pre-position (PP)　(D)Release (RL)。

40. （　）　動素(Therblig)為所有動作(Movement)之基本分化單位，為組成動作之基本要素。下列何者不是有效益動素？　(A)伸手(Reach)　(B)移物(Move)　(C)放手(Release)　(D)尋找(Search)。

41. （　）　下列那一個敘述不符合動作經濟原則？　(A)雙手動作同時開始同時結束　(B)眼睛凝視需求提到最高　(C)利用動量來協助工作　(D)保持最大自主力量 15%以內的施力。

42. （　）　下列何者不是動作分析採用的方法？　(A)影片分析　(B)動素分析　(C)歸零法　(D)雙手程序圖。

43. （　）　動素的分類中，下列何者為無效動素，可能的話應予以消除？　(A)Position (P)　(B)Pre-position (PP)　(C)Disassemble (DA)　(D)Release (RL)。

二、問答題

1. 何謂動素？說明十七種動素之意義，並各舉出一實例說明。

2. 如何將工作中之「尋找」及「選擇」兩動素予以消除？

3. 通常於伸手前與伸手後之基本動素為何，試加以說明。

4. 實施伸手之動素所需時間，受何種因素所影響，試加以說明。

5. 實施移物之動素所需時間，受何種因素所影響，試加以說明。

6. 遲延與故延，此二者間有何差異。

7. 工作站中盡量運用腳代替手的動作，係合於動作經濟原則之措施，試加以說明。

8. 試以穿著衣服為例，繪製操作人程序圖，並說明有無可改進之處。

9. 請利用操作人程序圖（雙手程序圖），分析下列動作：「伸左手到書桌左上角拿起原子筆，同時伸右手到書桌右上角拿起原子筆蓋，兩手到桌子中央，將原子筆插入筆蓋內，然後將其放在桌上。

10. 試以螺桿、接頭裝配模組為例（如下圖），繪製操作人程序圖。

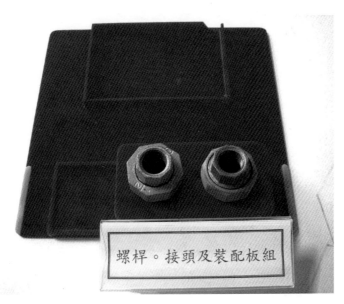

螺桿。接頭及裝配板組

MEMO

Work Study:
Methods, Standards and Design

CHAPTER **04**

時間研究

4.1 時間研究概論
4.2 直接測時法

Work Study:
Methods, Standards and Design

4.1 時間研究概論

　　工作研究中除方法研究、動作研究外，另一重要課題為時間研究(time study)，或稱為工作衡量(work measurement)，時間研究為研擬執行特定工作之可容許時間標準(allowed time standard)，不論其為新工作或者為改善後之工作方法，予以標準化之後，次一步驟即為制定實施此一工作方法所需之標準時間(standard time)。此標準時間為下列工作之基礎：

1. 規劃人力需求、工作指派：生產需求一經訂定後，且同時可估算生產此項產品所需之時間，即可據此估列人力需求並完成工作指派。

2. 擬定生產計畫(production planning)：工廠產能(capacity)之估算，規劃產能之運用、解決作業瓶頸與發展有效的廠房設施規劃，都有賴於建立時間標準，擬定生產計畫(production planning)最重要之工作為估計生產產能，運用標準時間數據資料為依據，可預知製造某一產品所需的工作量，因此可依據工廠之產能並定生產計畫，能較精確的估算，同時也可依實際實行狀況作適切的調整。

3. 排列生產日程(production scheduling)：排列一項工作之起始與完工日程，必須先依據工作之標準時間，始可估計生產所需時間，而可估算生產完成交貨時間。

4. 標準時間亦可運用於估列單位成本，生產製造某產品或提供服務時，可藉由標準時間資料估計所需機器、人工時間，故可估算單位成本。

5. 工作績效評估與獎工制度(incentive plan)之建立：管理者可藉由時間標準，管制與訂定勞工成本並可評估其工作效率，依據時間標準資料實施獎工制度，除可維持產品品質外亦可增進總工作效率。

　　一般而言工作時間標準之意義，表示作業人員完成一項特定工作(task)所需要的時間，其目的為訂定出作業員之「一日之合理工作量(a fair day's work)。此一日之合理工作量為時間研究或工作衡量之關鍵概念。所謂一日之合理工作量，係指作業員於一日內應完成之公平合理的工作量，而此一工作

量對勞資雙方而言應公平合理。勞工作業之目的為獲取應有之工資，倘若工資給予過高將增加生產成本，反之若工資低於勞工所期望，將降低勞工工作意願及效率，因此一日之合理工作量之訂定，應以勞資雙方皆有利為之，故勞工達到一日之合理工作量可給予一定之工資，若超過此基準則依勞工一日之工作成果加發其獎金，此稱為獎工制度。

勞工施行此種制度可依其工作效率增加其所得，相對的資方亦可因生產力提升而降低其生產成本。然而其作業所需時間會因人而異，因此不能以最快或最慢的勞工作業時間訂定為時間標準，故需設定其工作於標準狀態下，且實施此工作之人員，須符合規定條件與訓練有素之合格作業員擔任，並以正常速度(normal pace)作業，所謂正常速度係指作業員於標準的狀態下作業，作業速度既不太慢也亦不太快，經長時間之工作對作業員之生理、心理均無傷害產生，最普遍的正常速度概念為「以每步 27 吋（68.6 公分）之步伐每小時行走 3 英里（4.8 公里），或以 30 秒的時間將 52 張撲克牌分成四堆。於這種情況下完成工作所需之時間，可稱為正常時間(normal time)。

不過，作業員每日工作之時間內，絕對無法皆投入於工作當中，而需有因維持作業者工作時舒適、生理需求及福祉之暫停工作時間，稱為私事寬放時間(personal needs allowance)，諸如擦汗、飲水、洗手、如廁等。或因疲勞而發生短暫停止作業之時間，疲勞是由生理與心理兩者因素交互影響的，包括工作環境的照明、溫溼度、空氣、噪音、顏色；精神緊張與單調厭倦造成的精神疲勞；勞動強度與靜態肌肉疲勞；作業員的家庭狀況與個人健康狀況等因素，稱為疲勞寬放時間(fatigue allowance)。

最後還有一些需增列影響工作時間者稱為遲延寬放(unavoidable delay allowance)，工作受延誤之原因一般區分為可避免(avoidable)與不可避免(unavoidable)兩種，其可避免遲延者純屬作業員因個人因素而延誤作業時間，應自行負責不應給予額外時間。而遲延寬放係指作業期間非由本身能力所可控制，而發生無可避免的非工作時間，如工具更換、檢查或調整。故研定之工作時間標準應審慎斟酌實際工作情況，於工作所需之正常時間外增列寬放時間後，則稱為標準時間，關於寬放時間之擬定後續章節將會詳細說明。

一般而言，研訂工作之時間標準方法，計有歷史經驗估計法(historical data approach)、直接測時法(direct time study approach)、預定動作時間標準法(predetermined motion time standards approach)與工作抽查法(work sampling approach)等，其說明如下：

1. 歷史經驗估計法

歷史經驗估計法是以過去的作業資料，如以工單或打卡記錄卡上所記錄的時間、工作內容、產品項目、數量等資料，作為客觀的相關資料，以便於日後推測相同製品的生產工時，作為建立工時標準之依據，估計法通常為由具豐富經驗之領班、技師與工程師等人自行估計標準時間，如於機械加工工廠內，常由經驗豐富的老師傅再配合過去類似的作業紀錄，來估計某一新工件所需之工時，然而每位工程師之經驗與主觀判斷皆不同，且多於不同時間內所獲得的資料，其結果極難獲得一致且難辨其正確性，自不易為勞工所接受。不過，若延長樣本資料蒐集的期間，使樣本擴大而增加資料的代表性與準確性，運用歷史經驗估計法可以建立粗略的工時標準，於短期的應用上相當實用，如可先草擬產出標準，於人力規劃配置上特別重要，且特別適用於小批量與作業週期較長的工作。

2. 直接測時法

直接測時研究是設立時間標準最常使用的方法，早期從事直接測時研究多使用馬錶(stopwatch)量測，而稱為馬錶直接測時法，隨著科技之發展有許多量測設備可供量測使用，如電子式馬錶、掌上型電腦(PDA)、攝影機等，不過馬錶直接測時仍為其他時間研究之基礎，且綜合時間標準所使用之標準數據資料，均由馬錶測時法所得，故其測時方法與程序，應為研讀工作研究者所不可忽略之重要基本技術方法，於下節將詳細說明。

3. 預定動作時間標準法

預定動作時間標準法為不經由馬錶直接測時，而預為決定其工作正常時間之方法，由於此種方法係依據各項單元所需之已知標準數據綜合而成，又可稱為綜合動作時間測定法(synthetic motion time)，其方法諸如工作因素法(work factor, WF)與方法時間衡量(method time measurement, MTM)等，其方法之施行將於第八章中進一步說明。

4. 工作抽查法

訂定時間標準除了上述歷史經驗估計法、直接測時法與預定動作時間標準與標準數據等方法外,尚有工作抽查法。工作抽查法不需使用任何的時間研究設備(如馬錶等計時器),而應用統計學之隨機抽樣法,而訂定出時間標準之技術。於實務應用上工作抽查法有廣泛之應用,如應用於生產研究,可測定機器或作業員之作業活動與遲延空閒比例之情況,及測定工作時間建立時間標準之工作衡量與工作績效研究之應用。工作抽查法將於第七章中詳細說明。

4.2 直接測時法

4.2.1 直接測時法使用之設備

直接測時法通常使用的量測設備,一般可區分為測時設備與輔助設備兩類,測時設備包括馬錶、攝影機與計時器等,而輔助設備有時間觀測板、時間研究表格、計算機、觀測紀錄所需文具如筆、橡皮擦、修正帶、釘書機、卷宗檔案夾等。

1. 馬錶

測時法之基本設備為馬錶(stop watch),依原文直譯為停錶,表示因錶停止後始便於記讀所量測時間而命名,一般可分為機械式與電子式兩種。電子式馬錶較為穩定,準確度可達 0.003%;而機械式馬錶需上發條不需電力驅動,然而其誤差大約在 60 ± 0.025 分,因此使用時需注意下列幾點:(1)需定期校正、防潮溼、注意使用時之溫度防過分冷熱;(2)使用前先使馬錶走動一段時間,並與標準馬錶比較了解誤差;(3)使用後應使之完全鬆弛;(4)嚴禁摔落及碰撞,若發生此情況時,應即刻校正。馬錶構造多為彈回式(fly-back type),有一歸零鍵按下後可立即將指針歸於原點,圖4.1 為十進分計雙針馬錶(decimal minute stop watch),於錶盤上顯示有 100格每格表示 0.01 分,錶盤內圈之小刻盤計有 30 格,每格代表 1 分鐘,即

長針走動一圈小刻盤之短針則走動一格，小刻盤上之短針走動一圈表示時間已經過 30 分鐘。啟動馬錶前需確認是否上緊發條（錶冠順時針旋轉），於量測時係將錶冠鈕壓下馬錶即開始計時，若再將旋鈕壓下計時即停止，如需使長針回復至零點位置，可將錶側之旋鈕壓下長針即回復至零點。

圖 4.2 為一 MTM 三針馬錶，錶面刻度與雙針馬錶相同，不過其刻度單位為時間衡量單位（time measurement unit, TMU；1 TMU = 0.036 秒），且此錶之長針有黑紅針各一且重疊一起。開始測量時將錶冠旋鈕壓下，則此兩長針同時自零點啟動，當欲量測之一部分作業完成時，可按下右上方紅色扭則紅色長針立即停住，而黑色長針則繼續計時，當記載完成後再度按下紅色鈕，則紅色長針立即與黑色長針疊合後一併走動計時，若另一部分作業也完成之瞬間，可再按下紅色鈕則紅色長針立即停住便於觀察紀錄，若量測完成需將此馬錶內各指針歸零，則需按下錶冠旋鈕後，所有指針皆停止再將左方黑色扭按下即可歸零。此種馬錶適合於連續測時法時之使用。

電子式馬錶顧名思義以電池驅動馬錶來計時，以 Seiko 8A20 型式為例（圖 4.3），其常溫下(5～35 °C)誤差小於±0.0006%，其單位為 0.01 分與十進分計雙針馬錶相同，右鍵為開始、停止鍵(start/stop)，中間鍵為校正鍵，而左方鍵為途中經過時間、歸零鍵(split/reset)與電池電壓確認鍵

✿ 圖 4.1　十進分計雙針馬錶

✿ 圖 4.2　MTM 三針馬錶

(battery life check)。其可供三種測時
方法（如圖 4.4），第一種為標準測時
法(standard stop watch measurement)，
為作業開始時壓下右鍵，而當作業終
了時再度壓下右鍵，則馬錶立即停止
計時，可觀測其作業所需時間。第二
種測時方法為累積測時(accumulated
elapsed time measurement)，當作業開
始時壓下右鍵，若作業暫時中斷時可
壓下右鍵則暫時停止計時，當作業再
度開始時可壓下右鍵則繼續計時，直

❁ 圖 4.3　電子式馬錶(Seiko 8A20)

到作業終了時再度壓下右鍵，則馬錶立即停止計時，可觀測其作業所累積的
時間，若壓下左鍵歸零鍵則長針回歸原點以利重新計時。第三種測時為途中

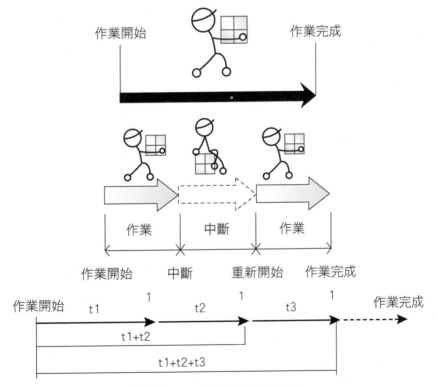

❁ 圖 4.4　三種測時法圖示

經過時間量測(split, intermediate time measurement)，當作業開始時壓下右鍵時則開始計時，若作業 1 完成時可壓下左鍵則長針立即停止，而馬錶仍繼續計時，當紀錄好時間後再度壓下左鍵，則長針會顯示馬錶繼續計時之時間，若作業 2 完成時可再壓下左鍵，則長針再度停止以利紀錄時間，直到最後作業完成壓下右鍵，此法適合於連續測時法時之使用。而圖 4.5 為電子數位式馬錶(Casio HS-10W)，其也具有相同的計時功能。

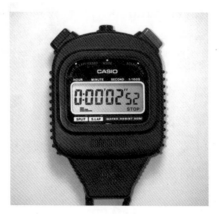

✿ 圖 4.5　電子數位式馬錶(Casio HS-10W)

數位列印馬錶(digital printing stopwatch)：為了便利即時紀錄測時結果，可將馬錶結合列印裝置以即時列印測時結果，以 Seiko S129 為例（圖 4.6），下方如同一般的電子式馬錶，於常溫下(5～35 °C)誤差小於 ±0.0006%，其最小時間單位為0.01 秒。上方為熱感應式列印機，將電源打開後可立即列印出馬錶所測時的結果，首先列印出現在的日期（年月日）及目前開始的時間，當按下開始鍵後馬錶則開始計時，

✿ 圖 4.6　數位列印馬錶(Seiko S129)

若按下 split 鍵可量測作業途中各經過時間，每一次列印出的數據皆顯示兩筆

時間，第一筆時間為累計時間而第二筆時間為兩標記點間之時間。此外，數位列印馬錶還可外接手握啟動器(grip trigger)，與提供外接資料連接裝置，更能精確的量測作業時間。

2. 時間觀測板

為便於分析員觀測作業員操作情形並測時，可使用時間觀測板輔助，基本上應滿足下列需求：易於站立及走動時握持；可讓時間研究表格貼在觀測板上；觀測板應比表格的紙張大；材質硬度適中，須能承受紀錄時手部壓力；馬錶應可安置在板上中央與右上角之間的位置，但不可脫落，滑柄與冠柄的位置應在左手拇指及食指可控制到之處；若用吊帶協助支持觀測板時，則可將馬錶安置在左上角，如此可方便左手操作及降低酸累，如圖 4.7 所示。

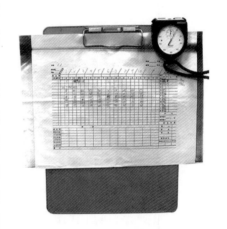

❖ **圖 4.7　時間觀測板**

3. 時間研究紀錄表

時間研究表格亦稱為時間研究觀測紀錄單(observation sheet)，用以紀錄觀測時間，並無一定之格式需視研究之操作性質予以設計採用。然而其表格設計要點，為表格內均能完整記載日後需參考之事件要項，包括基本以下四種資料：業務性質：如作業日期、操作名稱（代號）、零件名稱（代號）、機器名稱（編號）、操作者姓名、性別、操作經驗、工具與材料、領班與工作部門；記錄性質：包括開始時刻、終止時刻、供需時間、完成件數、操作單元、週程號次、馬錶讀數、測定時間等；綜計性質：包括總時間、有效次數、週程平均、評比係數、評比時間、正常時間、寬放時間、標準時間等。如表 4.1 與表 4.2 所示。

表 4.1　時間研究表正面

日期＿／＿／＿　單元名稱＿＿＿＿
研究編號＿＿＿

第　頁共　頁
操作員＿＿＿＿
觀測員＿＿＿＿

外來單元

編號	名稱	R	T
A			
B			
C			
D			
E			
F			
G			
H			
I			
J			
K			

評　比

基本值 ＝ ＿＿＿ ＝ ＿＿ %
觀測值

寬放時間
個人
疲勞
遲延
寬放率(%)

開始時刻　完成時刻　經過時間

單元編號		1		2		3		4		5		6		7		8		9		10	
週程編號		T	R	T	R	T	R	T	R	T	R	T	R	T	R	T	R	T	R	T	R
	1																				
	2																				
	3																				
	4																				
	5																				
	6																				
	7																				
	8																				
	9																				
	10																				

總時間
觀測次數
平均時間
評比係數
正常時間
寬放率(%)
容許時間

表 4.2 時間研究表背面

工作站草圖	時間研究編號＿＿＿＿＿＿＿　　　日期＿＿＿＿＿
	操作名稱＿＿＿＿＿＿＿＿＿＿＿＿＿＿＿＿＿
	部門＿＿＿＿＿　操作員＿＿＿＿＿　號碼＿＿＿
	設備＿＿＿＿＿＿＿＿＿＿＿＿＿＿＿＿＿＿＿
	機器號碼＿＿＿＿＿＿＿＿
	特殊工具、治具、夾具、量具＿＿＿＿＿＿＿＿
	＿＿＿＿＿＿＿＿＿＿＿＿＿＿＿＿＿＿＿＿＿
	工作環境＿＿＿＿＿＿＿＿＿＿＿＿＿＿＿＿＿
	物料＿＿＿＿＿＿＿＿＿＿＿＿＿＿＿＿＿＿＿
	工件號碼＿＿＿＿＿＿＿＿　圖號＿＿＿＿＿＿
	工件名稱＿＿＿＿＿＿＿＿＿＿＿＿＿＿＿＿＿

動作分解		單元編號	小工具號碼、進給、速率、切削深度	單元時間	每週程出現的次數	總容許時間
左手	右手					

每件＿＿＿＿＿＿＿＿＿＿　總計＿＿＿＿＿＿

整備時間＿＿＿＿小時＿＿＿＿小時／每百件

領班	檢驗員
觀測員	審核者

4. 測時訓練設備

可運用隨機消逝之測時訓練機（random elapsed time describer，圖 4.8）來訓練時間研究分析人員。隨機消逝之測時訓練機上有十個燈泡，每個燈泡代表一個操作單元，每個燈泡的後方皆連接一組定時器(timer)，此定時器可隨意預先調整其燈號時間。當訓練開始時按下燈號按鈕後，第一號燈泡即發出嗡嗡聲響並亮燈，於第一號燈泡熄滅後第二號燈泡即亮燈，以此類推。然而其中亦有可能上一燈泡熄滅後稍待後下一燈泡才明亮，表示此操作單元有遲延現象。因此從第一號燈泡發出嗡嗡聲響並亮燈時開始計時，直到最後燈泡發出聲響與燈光熄滅為止，如此反覆測時可得出最終各作業單元之時間，再與定時器所設定之時間比較則可得知其測時精確度。

✿ 圖 4.8　測時訓練設備

5. 節拍器

另一種簡便之訓練工具為可以使用學習音樂時之節拍器(metronome)，圖 4.9 為傳統式節拍器，圖 4.10 為電子式節拍器。節拍器可以預先設定為每分鐘若干拍(beats)，若將節拍器設定為每分鐘 104 拍，開啟節拍器後將撲克牌依聲響分派為四堆，此時之工作速度即為正常速度，如欲顯示工作速度為正常速度之 80%，則可將節拍器設定為每分鐘 83 拍，再分發撲克牌使之同步，及可使訓練人員建立有正常速度與其他工作速度之概念。

❖ 圖 4.9　傳統式節拍器

❖ 圖 4.10　電子式節拍器

 4.2.2　直接測時法之實施程序

　　實施直接測時法之首要步驟為選定待分析研究之工作，欲分析的工作一旦確定後，即可依據工作之特性與需求予以實施測時，通常包括下列程序：

1. 選擇欲實施測時工作之作業員

　　實施此工作之人員，須符合規定條件與訓練有素之合格作業員擔任，於實務上可委由工廠領班或現場主管推薦選定作業員，且研究人員需於時間研究前與領班或現場主管的陪同下，與選定之作業員晤談，說明作業員所負責之工作任務及實施時間研究之目的、方法與步驟。如此作業員感覺其受重視自會盡力配合完成測時工作。若欲研究測時之工作為新方法或新作業，則需給予相當之時間，使作業員熟悉此項新工作之操作方法後再施行測時。

2. 蒐集、紀錄與欲觀察工作之一切有關詳細資料

　　欲研究工作之操作方法，應由研究研究人員預先予以蒐集記錄，諸如工作站布置、所使用之工具、材料等，其操作程序也可繪製作業員之左右手程序圖於時間研究表格上，以利作為下一步驟劃分操作單元之參考。時間研究人員之觀測位置，宜能看清作業員之每一操作動作，且不妨礙其工作為原則。一般研究人員所站位置不宜於作業員之正前方及太接近，可於作業員之後方一側約 1.5 公尺處，既便於觀測且亦有任何問題時也方便詢問。

3. 分析欲觀察工作之操作方法，將其操作週程區分為單元

在蒐集、紀錄與欲觀察工作之一切有關詳細資料與繪製程序圖後，已初步實施分析。之後則可進行劃分單元(element)。動作單元是將設定之工作週程劃分為若干階段，以便於實行測時、衡量與分析。故工作週程為有一定先後序之單元所組成。工作週程係由第一個操作單元之起點開始，而後接續至第二個重複操作之相同點，亦即為第二個工作週程之起點，時間研究量測工作所需時間，並非每一整個工作週程之時間，而是測量工作週程細分下之每一工作單元之起止時間，最終再彙整為工作週程所需之時間。所完成之每一週程與每一操作單元所需時間，分別稱為週程時間(cycle time)與單元時間(elemental time)。

在劃分工作單元時，下列原則可供參考：

(1) 在劃分工作單元前，需瞭解工作單元可依其特性化分為下列幾種形式：

① 重複單元(repetitive element)：每一工作週程中均出現之單元，如伸手檢取零件之動作；間歇單元(occasional element)：非每一工作週程均將發生之單元，可能於一定間隔時間或不定間隔時間出現之單元，如定期或不定期領取新的零件，或清理切削碎屑。

② 人工單元(manual element)：為由作業員自行操作之單元；機械單元(machine element)：相對於手動單元為由機器操作之工作單元，如切削、鑽孔等。

③ 定值單元(constant element)：表示不論何時施行其基本時間均保持一定不變，如啟動機器；變動單元(variable element)：表示作業時間會隨著使用機器工具或製造方法之特性而變異之單元，如鑽孔作業隨直徑、材料而有所不同，稱為變動單元。

④ 管理控制單元(governing element)：如使用車床切削加工，一邊車削一邊量測其直徑，其所費之時間較單獨車削作業為長，稱為管理控制單元。

⑤ 外來單元(foreign element)：觀測研究過程中出現之單元，屬於非工作應有之單元稱為外來單元，如作業員增加不必要之動作或偶發之臨時性動作，諸如東西掉落、取手帕擦汗等。

(2) 應將生產性工作（有效時間）與非生產性工作（無效時間），而人工單元與機器單元、定值單元與變動單元，重複單元與間歇單元、物料搬運單元與其他單元、外來單元與其他工作單元都應區分。

(3) 單元應易於識別，有一定明顯的起點與終點，前一單元之終止與後一單元開始點稱為分界點，一般可藉由聲響、身體姿勢改變及手部方向變更等而可容易識別。

(4) 作業員於一工作週程中，若有一些工作單元之動作速率相較於其單元為快或為慢之傾向，則可劃分為一獨立單元使觀測之時間更為精確。

(5) 單元劃分原則上越精細為佳，唯單元時間不應短於 0.04 分或長於 0.33 分。

4. 訂定觀測次數計畫

(1) 經驗法

作業員於作業時每一工作週程所耗費的時間不可能完全相同，發生差異之原因，可能由人為因素造成如零件、工具等放置位置，每次作業時可能稍有變化。此外，時間研究觀測者之經驗與技術也會影響測時之結果，如工作單元之判斷、辨別、馬錶讀數之偏差等。因此，時間研究中觀測工作可視為一種抽樣的技術(sampling)，一般而言，觀測次數越多其量測準確度越高，使觀測時間越趨於正確。不過以經濟成本的考量下又未必適宜。對時間研究者而言，訂定觀測次數計畫為影響量測準確性的重要因素。一般而言，觀測次數之擬定受時間研究人員技術、操作工作重要性及工作週程時間長短等因素影響而定，若為觀測一般工作無特殊性質時，可參考美國奇異公司(General Electric)所定觀測次數參考表（表 4.3），如表所示，若如工作週程時間為 0.1 分則建議至少觀測 200 次。此外，美國西屋公司(Westing-house)也提出觀測次數建議，除以工作週程時間長短為依據外，又增列製造產品之年產量為決定觀測次數之另影響因素，請參考表 4.4。若亦工作之產品產量為 10,000 件以上，且工作週程約為 0.5 小時，故查表可得知最少觀測次數應為 8 次。

表 4.3　奇異公司訂定之觀測次數表

工作週程時間（分）	建議之觀測次數
0.10	200
0.25	100
0.50	60
0.75	40
1.00	30
2.00	20
4.00～5.00	15
5.00～10.00	10
10.00～20.00	8
20.00～40.00	5
40.00～以上	3

表 4.4　西屋公司訂定之觀測次數表

每年製造數量　最少之觀測次數　每件或工作週程需時（小時）	最少之測次數		
	10,000 以上	1,000～10,000 以上	1,000 以下
8.000	2	1	1
3.000	3	2	1
2.000	4	2	1
1.000	5	3	2
0.800	6	3	2
0.500	8	4	3
0.300	10	5	4
0.200	12	6	5
0.120	15	8	6
0.080	20	10	8
0.050	25	12	10
0.035	30	15	12
0.020	40	20	15

表 4.4　西屋公司訂定之觀測次數表（續）

每年製造數量　　　　最少之測次數　　　　　　　　　　　　　最少之觀測次數　　　　　每件或工作週程需時（小時）	10,000 以上	1,000～10,000 以上	1,000 以下
0.012	50	25	20
0.008	60	30	25
0.005	80	40	30
0.003	100	50	40
0.002	120	60	50
0.002 以下	140	80	60

(2) 誤差界限法

決定觀測次數可運用統計理論，先對某一操作單元試行觀測若干次，求出其平均數與標準差，再依其可容許之誤差界線(error limit)求其應觀測之次數。所謂可容許之誤差界線，係先由時間研究人員所決定之信賴水準(confidential level)與精確度(accuracy)，通常均採用 95%之信賴水準與±5%之精確度，表示工作單元於 100 次的觀測中，其平均觀測值至少有 95 次，不致與真正之單元操作值有多於±5%的誤差。其計算公式如下所示：

$$0.05\overline{X} = 2\sigma_{\overline{X}}$$

$$0.05\frac{\sum X}{N'} = 2\frac{\frac{1}{N}\sqrt{N\sum X_i^2 - (\sum X_i)^2}}{\sqrt{N'}}$$

$$N' = \frac{40\sqrt{N\sum X^2 - (\sum X)^2}}{\sum X} = (40 \times \frac{\sigma}{X})^2$$

若決定之信賴水準為 95%精確度為±10%時，其公式則為

$$N' = \frac{20\sqrt{N\sum X^2 - (\sum X)^2}}{\sum X} = (20 \times \frac{\sigma}{X})^2$$

範例 4.1

若有一單元操作時間先預行觀測 10 次，其觀測平均值如下表為

觀測數	1	2	3	4	5	6	7	8	9	10
觀測值（分）	0.07	0.08	0.09	0.1	0.08	0.07	0.08	0.09	0.07	0.08

經計算後 $\sigma = 0.009434$ ； $\overline{X} = 0.081$ ；

故 $N' = (40 \times \dfrac{0.009434}{0.081})^2 = 21.7 = 22$

次，於工作抽查章節有更詳盡之說明。

(3) d_2 值法

當先行觀測次數較少時， σ 值可用全距(R)值除以品質管制因子 (d_2) 來決定，即 $\sigma = R/d_2$ ，其中全距(R)為最大值減去最小值，而品質管制因子 (d_2) 可查表 4.5 得知。將 $\sigma = \dfrac{R}{d_2}$ 代入 $N' = (40 \times \dfrac{\sigma}{\overline{X}})^2$ 公式中，得

$$N' = (40 \times \frac{R}{d_2 \times \overline{X}})^2$$

如上例預行觀測 10 次中，其最大觀測值為 0.1 分，最小觀測值為 0.07 分，故全距(R)為 0.03 且 $\overline{X} = 0.081$ ，再查表 4.5 可得知預行觀測 10 次下 d_2 為 3.078，故 $N' = (40 \times \dfrac{R}{d_2 \times \overline{X}})^2 = (40 \times \dfrac{0.03}{3.078 \times 0.081})^2 = 23.16 = 24$ 次

表示於 95% 之信賴水準與 ±5% 之精確度下需觀測至少 24 次。而表 4.6 為了實務上運用而簡化計算，以預先計算全距與平均數之比即 $\dfrac{R}{\overline{X}}$ ，再參酌其預先觀測之樣本數（5 或 10），再查表立即可得 95% 之信賴水準與 ±5% 之精確度下至少需觀測之次數。如上例全距(R)為 0.03 且 $\overline{X} = 0.081$ ， $\dfrac{R}{\overline{X}} = \dfrac{0.03}{0.081} = 0.37$ ，其可選擇 0.38 與預先觀測之樣本數為 10 次下，觀測計畫至少應為至少 24 次。

表 4.5　品質管制因子(d₂)

N	d_2	N	d_2	N	d_2	N	d_2
2	1.128	8	2.847	14	3.407	20	3.735
3	1.693	9	2.97	15	3.472	21	3.778
4	2.059	10	3.078	16	3.532	22	3.819
5	2.326	11	3.173	17	3.588	23	3.858
6	2.534	12	3.258	18	3.640	24	3.895
7	2.704	13	3.336	19	3.689	25	3.931

表 4.6　95%信賴界限及誤差界限 ±5%之條件下所須觀測次數表

$\dfrac{R}{\overline{X}}$	樣本數		$\dfrac{R}{\overline{X}}$	樣本數		$\dfrac{R}{\overline{X}}$	樣本數	
	5	10		5	10		5	10
0.10	3	2	0.42	52	30	0.74	162	93
0.12	4	2	0.44	57	33	0.76	171	98
0.14	6	3	0.46	63	36	0.78	180	103
0.16	8	4	0.48	68	39	0.80	190	108
0.18	10	6	0.50	74	42	0.82	199	113
0.20	12	7	0.52	80	46	0.84	209	119
0.22	14	8	0.54	86	49	0.86	218	125
0.24	17	10	0.56	93	53	0.88	229	131
0.26	20	11	0.58	100	57	0.90	239	138
0.28	23	13	0.60	107	61	0.92	250	143
0.30	27	15	0.62	114	65	0.94	261	149
0.32	30	17	0.64	121	69	0.96	273	156
0.34	34	20	0.66	129	74	0.98	284	162
0.36	38	22	0.68	137	78	1.00	296	169
0.38	43	24	0.70	145	83			
0.40	47	27	0.72	153	88			

(4) 聯線法

通用汽車公司發展出更形簡略的圖型聯線法(alignment chart)，如圖 4.11，首先計算預先觀測值之全距後，再計算其平均觀測值。最後將兩點連線延伸至觀測次數線上，即可得知建議最少的觀測次數。如上例，全距(R)為 0.03 且 $\overline{X} = 0.081$，故兩點連線後延伸至觀測次數線上，可得知建議最少觀測次數至少為 30 次，於實務應用上十分簡便。

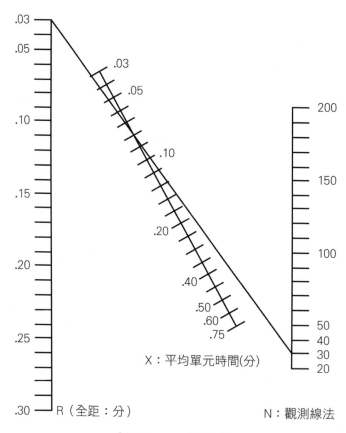

❀ 圖 4.11　聯線法

5. 紀錄作業員操作每一工作單元之時間。

待經決定觀測次數後，下一步驟則為觀測紀錄作業員實際操作時間，計有兩種主要的方法，分別為彈回測時法(snap-back timing)與連續測時法(continuous timing)。

(1) 彈回測時法：亦稱為反覆測時法或稱為歸零測時法，為觀測第一工作
週程中第一單元時，啟動馬錶至此單元終止時，將馬錶讀數立即紀錄
後，同時將馬錶歸零重新計時，又至第二單元終止，將馬錶讀數立即
紀錄後，再度將馬錶重新歸零計時，反覆實施觀測計時直到完成整個
工作週程，此法即為彈回測時法。此法其優點主要計有：每一單元所
操作時間可直接紀錄於紀錄表中之「T」欄，而不必有反覆的計算過
程；在觀測過程中如發生一些外來單元、遲延等，可不必記載列入計
算，對各工作單元時間並無影響；相對著，此測時法有一關鍵的缺
點，即觀測每一單元後錶針需彈回歸零再繼續下一單元計時，依據
Lowry 之研究指出每次馬錶歸零約有 0.108～0.35 秒之誤差，累積起來
將造成時間量測之誤差；若所觀測之工作單元時間越短，如短於 3.6
秒，其馬錶歸零所產生之誤差將相對為大，同時也難以觀察紀錄。

(2) 連續測時法：係於測時開始後，馬錶於每一工作單元結束後並不歸零
重新計時，容許馬錶於整個工作週程中連續計時，直到整個研究終止
為止。時間研究觀測人員，均需按每一工作週程與每一單元之操作先
後順序逐一予以紀錄，若於操作過程中發生外來單元，必須將其起止
時間予以正確紀錄。此法最大的優點為於操作過程中，任何發生之事
件均予以記載，短暫的時間單元使用連續法較便於紀錄與較為精確。
然而使用連續法也有缺點，因所紀錄之觀測值皆為累積值，故每一真
正工作單元時間值，需將相鄰之兩單元觀測讀數相減，而需多付出計
算時間之花費。

　　由於時間紀錄表格空間有限，且紀錄時須簡便無誤，故其馬錶讀數紀錄
需予以簡化，以使用十進分計馬錶為例，表面讀數一小格表示 0.01 分，紀錄
時可將數值乘上 100 以 1 作紀錄，若超過 1 分鐘之單元如 1.23 分可紀錄為
123，而後序單元讀數為 1.98 分可紀錄為 98，若單元讀數超過 2 分鐘如 2.11
分，則需紀錄為 211 不可簡略為 11。

　　使用連續法觀測時，首先需檢視馬錶錶針是否有歸零，當作業開始時同時按下馬錶計時，直到第一單元終止時立即將馬錶讀數記入於「R」欄內，若觀測人員於測時期間未能成功的紀錄某一工作單元時間，則應於相對應之紀錄表「R」欄內填入一「M」記號，表示此次讀數漏失(miss reading)，不可任意填入一預估數值，以免影響量測之準確性。如作業員漏失某一工作單元，則需在單元之「T」欄中畫一「---」記號，來顯示作業員未操作此單元。如遇有外來單元發生，應依其發生先後順序於「T」欄加註 A、B、C 等字母，並於紀錄表之外來單元欄位內，說明此外來單元發生情形與紀錄發生開始及終止時間之馬錶讀數，如表 4.7 說明，於第 2 週程最後一工作單元（清掃碎屑）完成後，作業員由馬錶讀數 606～914 從事喝水的動作，共花費 3.08 分的時間；作業員於馬錶讀數 1234～1416 間因領班詢問問題終止作業；於馬錶讀數 2275～2326 間量測零件；又於馬錶讀數 2713～2914 間擦汗等外來單元，皆紀錄於外來單元紀錄欄內。

表 4.7 時間研究記錄表之實例

日期 ／ ／ ＿＿ 　研究編號 ＿＿＿ 　製程編號 ＿＿＿ 　單元編號 ＿＿＿
第 ＿ 頁 共 ＿ 頁 　操作員 ＿＿＿ 　觀測員 ＿＿＿

製程編號	零件放夾具上 (1)		對準旋緊夾員 (2)		開動機器 (3)		銑削槽溝 (4)		按停機器 (5)		開夾員、取零件 (6)		調整零件二次進刀 (7)		旋緊夾員 (8)		開動機器 (9)		銑削槽溝 (10)		按停機器 (11)		開夾員取零件 (12)	
	T	R	T	R	T	R	T	R	T	R	T	R	T	R	T	R	T	R	T	R	T	R	T	R
1	16	16	18	34	6	40	70	110	8	18	21	39	23	62	21	83	5	88	81	269	11	80	21	301
2	13	14	17	31	7	38	75	413	9	22	18	40	23	63	23	86	7	93	86	579	11	90	17	607
3	ᴬ20	38	17	57	6	63	66	1029	8	37	22	59	26	85	21	1106	5	11	82	93	13	1206	17	23
4	13	36	ᴮ19	37	8	45	75	1520	10	30	23	53	23	76	19	95	6	1	87	1688	13	1	18	1719
5	13	32	14	46	6	52	72	1824	9	33	21	54	26	80	22	1902	4	6	76	82	11	93	18	2011
6	14	25	19	44	6	50	68	2118	7	25	22	47	23	70	20	90	7	97	85	2282	ᶜ12 ④	46	20	66
7	17	83	18	2401	7	8	ᴰ68	83	7	90	㊱	2526	21	47	21	68	5	73	80	2653	11	57	21	78
8	16	94	19	2713	6	19	73	62	8	70	22	92	23	3015	20	35	–	M	–	3140	11	51	19	70
9	15	85	19	3204	6	10	73	83	8	91	23	3314	23	37	21	58	5	63	77	3440	12	52	20	72
10	16	88	16	3504	–	M	–	88	7	95	23	3618	23	41	22	63	–	M	–	3748	12	60	18	3778
總時間	1.53		1.78		0.58		6.42		0.81		1.95		2.34		2.10		0.44		6.54		1.06		1.89	
觀測次數	10		10		9		9		10		9		10		10		8		8		9		10	
平均時間	0.153		0.178		0.064		0.713		0.081		0.217		0.234		0.210		0.055		0.818		0.118		0.189	
評比係數	1.10		1.10		1.10		1.00		1.10		1.10		1.10		1.10		1.10		1.00		1.10		1.10	
正常時間	0.168		0.196		0.070		0.713		0.089		0.238		0.257		0.231		0.061		0.818		0.130		0.208	
寬放率(%)	15		15		15		10		15		15		15		15		15		10		15		15	
容許時間	0.193		0.225		0.081		0.784		0.102		0.274		0.296		0.266		0.070		0.900		0.150		0.239	

外來單元

編號	R	T	名稱
A	918 / 607	309 / 185	擦汗
B	1418 / 1233	607	與領班談話
C	2334 / 2282	52	零件量測
D	2894 / 2719		喝水
E			
F			
G			
H			
I			
J			
K			

評比查核

基本值 = 0.196 = 110%
觀測值 = 0.178

寬放時間

私 事	5
疲 勞	4
遲 延	6
寬放率(%)	15

開始時刻	完成時刻	經過時間

6. 計算觀測時間

　　當紀錄作業員操作每一工作單元之時間後，下一步驟即為計算觀測時間，請見表 4.7 實例，此時間研究實例為使用連續測時法測時，於測時後需計算每一工作週程之每一工作單元所需時間，如第一工作週程之第一單元（拿起零件放於夾具上），其時間計算為 0.14 分，第二單元對準夾具所需時間，為第二單元與第一單元「R」欄之值相減(30–14=16)，表示第二單元對準夾具所需時間為 0.16 分。依此類推完成所有工作單元時間之計算，計算過程中如遇該作業員漏失此一作業，該「R」欄記為 M，計算該單元之「T」欄中畫一「---」記號。

　　當計算完所有工作單元時間值後，還需進一步查驗各工作單元時間值是否有異，通常使用 $\overline{X}-\sigma$ 管制圖法將單元觀測時間值，遠離平均數三個標準差以外的數值認定為異常值，經計算後發覺第 4 工作週程之第 3 單元、第 7 工作週程之第 13 單元與第 8 工作週程之第 7 單元之測量數值為異常值，將不列入計算觀測時間。

7. 評比作業員之績效

　　於觀測時，作業員被要求以正常速度來操作，不可太快，亦不可太慢。為了平衡被觀測人員的臨時緊張或其他因素帶來的異常，時間研究分析人員對被觀測人員的操作表現，要與想像中的正常表現相互比較，以一個比率係數來調整，如此才可建立正常操作人員的真正標準。訂定這個比率係數的方法即為評比(rating)，評比是整個工作衡量中最重要的一個步驟在進行時間研究的整個過程中，因此工作研究分析人員必須詳細觀察與記錄操作人員的表現，於在進行時間研究測時的過程中，由時間研究分析人員所獲得的評比值，主要是用於獲得操作的正常時間(NT)，因此在觀測結束後，時間研究分析人員可將觀測時間(OT)乘上評比值(R)，再除以 100，而可得正常時間，即：

$$NT = OT \times R / 100$$

　　其中：NT：正常時間

　　　　　OT：平均觀測時間

　　　　　R：評比值

故如表 4.7 所示，所觀測之平均時間乘上評比係數後可獲得正常時間。其評比方法於後續章節中將更詳盡說明。

8. 訂定寬放時間

在時間研究分析過程中，分析人員經由觀測操作人員所獲得之觀測時間資料後，再納入績效評比因子而獲得正常時間，即正常時間是操作人員實施一項工作所需消耗的時間長度。然而正常時間仍然不是標準時間，因為在工作過程中，尚有許多因素干擾著工作的進行，例如：喝水、上廁所、擦汗、調整與維修機器、與領班交談、等待物料、因疲勞的休息中斷等。這些因素所發生時間在觀測時間中均予以捨棄，以致在正常時間中就未包含其中。因此時間研究分析人員在建立標準時間之前，應予以補償這些因個人遲延、不可避免的遲延及疲勞等必要因素所需時間，就稱之為寬放(allowance)。一般而言，寬放需視實際操作情況核列，如私事、疲勞與無可避免遲延等寬放時間，如一般人工操作單元平均可加列 15%之寬放時間。而寬放核列方法於後續章節中將更詳盡說明。

9. 計算欲研究工作之標準時間

最後，將觀測資料整理完畢後，其每一工作單元之觀測平均值乘以評比係數，得操作各單元所需之正常時間，再將此正常時間加以適當之寬放時間，即為各工作單元之容許時間(allowed elemental time)，然後將各工作單元之容許時間彙整，即為此工作之標準時間。其計算公式如下：

單元容許時間 ＝（單元平均觀測時間×評比係數）＋單元寬放時間
＝單元正常時間＋單元寬放時間

工作標準時間＝Σ單元容許時間

一、選擇題

1. （　） 時間研究所使用的馬錶是十進分計馬錶，錶盤上有 100 格，每格代表： (A)0.01 分 (B)1 秒 (C)0.1 秒 (D)1 分 (E)0.1 分。

2. （　） 小刻盤有 30 格，每格代表 1 分，長針走一圈代表一分鐘，則小刻盤上的短針走一格即： (A)1 分 (B)0.01 分 (C)1 秒 (D)100 秒 (E)1 小時。

3. （　） 時間研究訂定時間標準必須要操作員完全熟悉操作方法，且必須是： (A)標準化 (B)練習過 (C)推行 (D)新實施 (E)使用　後的方法。

4. （　） 連續法時間研究能衡量與記錄短時間單元，可準確記錄短至： (A)0.01 (B)0.02 (C)0.03 (D)0.04 (E)0.05 分　前後單元長可短至 0.02 分。

5. （　） 為便於衡量通常將操作分割成若干個操作單元，單元的分割盡可能完成於實際： (A)測時 (B)評比 (C)寬放 (D)改善 (E)評價之前。

6. （　） 操作單元的分割，手操作與： (A)危險 (B)人工 (C)預備 (D)身體 (E)機器　之操作單元要分開。

7. （　） 針對外來單元的敘述，下列何者不正確？ (A)屬於工作應有之單元 (B)作業員偶發之臨時性動作 (C)東西掉落 (D)取手帕擦汗。

8. （　） 在各種測時方法中，下列何者具有全部完整過程之記錄？ (A)工作抽查 (B)MTM (C)WF (D)馬錶彈回測時 (E)馬錶連續測時。

9. （　） 哪一項不是連續法時間研究之優點？ (A)能提供整個觀測過程完整記錄 (B)不必記錄遲延與外來單元 (C)無時間消失 (D)獲操作員與工會共鳴 (E)廣受大眾接受。

10. （ ） 一日之合理工作量，係指一個合格之操作員，在不受： (A)領班 (B)製程 (C)工會 (D)排程 (E)成本 的限制下，以正常速度及有效時間利用的情況下，每日所能工作的數量。

11. （ ） 合格之操作員，係指受過： (A)測時 (B)獎勵 (C)激勵 (D)訓練 (E)挑戰，可適任此工作的平均操作員。

12. （ ） 暫時時間標準發布後，僅在規定期間或： (A)10 (B)20 (C)30 (D)60 (E)100 天內有效。

13. （ ） 連續測時法的時間為 0.36、1.32、1.45、2.01 分鐘，記載於 R 欄的讀數依序為 36： (A)132、45、201 (B)32、45、1 (C)132、145、201 (D)1.32、1.45、2.01 (E)1.32、45、2.01。

14. （ ） 單元終止時未讀取錶數，則應在時間研究表格的 R 欄內註以： (A)W (B)M (C)A (D)B (E)劃一橫線。

15. （ ） 操作員漏做某一單元，則應在時間研究表格的 T 欄內註以： (A)W (B)M (C)A (D)B (E)劃一橫線。

16. （ ） 在各種測時方法中，下列何者具有全部完整過程之記錄： (A)工作抽查 (B)MTM-1 (C)WF (D)馬錶彈回測時 (E)馬錶連續測時。

17. （ ） 馬錶測時經由實際觀測所得加以評比，即得： (A)標準時間 (B)平時時間 (C)變動時間 (D)正常時間 (E)觀測時間。

18. （ ） 在時間研究表中，R 欄記下「一」符號，此為： (A)漏失一個單元 (B)此單元的開始時間 (C)次序錯誤 (D)外來單元 (E)多做一個單元。

19. （ ） 在馬錶測時法中，在作為標準數據時，可去除操作中誤差，並作為教育訓練的是： (A)歸零法 (B)連續觀測法 (C)單元測定法 (D)週程測定法 (E)以上皆非。

20. （ ） 設在直線作業的各製程作業時間分別為 15 秒、16 秒、14 秒、13 秒、12 秒，則此直線作業的標準時間為： (A)12 秒 (B)13 秒 (C)15 秒 (D)16 秒 (E)14 秒。

21. （　） 下列何者是使用馬錶來量測標準工時之計算公式？[ST= Standard Time（標準工時），R=Performance Rating（評比），A= Allowance(%)（寬放），OT= Observed Time（觀測平均時間）]

(A) $ST = OT + R/100 \times A$　　　　(B) $ST = OT + OT \times A + R/100$

(C) $ST = OT \times (1 + A + R/100)$　　(D) $ST = \dfrac{OT}{R} \times 100 + A$

(E) $ST = (OT \times R/100) \times (1 + A)$。

22. （　） 在密集抽樣的時間研究中，工作單元劃分的考慮，下列何者不正確？　(A)工作單元越長越佳　(B)人力與機器單元應分開　(C)外來單元應詳細記錄　(D)規則單元與間歇單元應分清楚　(E)物料搬運時間應與其他單元分開。

23. （　） 在馬錶時間研究中，工作單元劃分的考慮，下列何者不正確？ (A)工作單元越長越佳　(B)人力與機器單元應分開　(C)外來單元應詳細記錄　(D)規則單元與間歇單元應分清楚　(E)物料搬運時間應與其他單元分開。

24. （　） 設有某項操作，經過馬錶測時後所得到的平均時間為 1.2 分鐘，評比為 115%，若寬放值設為 12%，則其正常時間為： (A)0.82 分鐘　(B)0.92 分鐘　(C)0.93 分鐘　(D)1.17 分鐘　(E)1.55 分鐘。

25. （　） 在進行馬錶測時之時間研究時，有下列相關步驟：a.對操作者加以評比；b.將工作劃分成不同單元，並加以敘述；c.決定寬放值；d.訂定操作者之時間標準；e.觀測與記錄作業單元之時間；f.決定觀測多少週期數，請你選出它們之間適當的次序。 (A)baecdf　(B)bfeacd　(C)bcefad　(D)befacd　(E)bdface。

26. （　） 由幾個工作站集合而成之研究階次，稱之為： (A)作業　(B)製程　(C)活動　(D)機能　(E)動作。

27. （　） 於時間研究表上，記錄於 R 欄內之「M」符號代表： (A)外來單元　(B)漏記　(C)時值為約略值　(D)單位為分鐘　(E)干擾。

28. （　） 在使用馬錶測時的時候，對於較為短促（例如短於 0.056 分鐘）的操作單元應採用： (A)連續測時法　(B)歸零法　(C)以上兩者皆用　(D)以上兩者皆不適用。

29. （　） 若已對某工作產品進行觀測 20 次平均觀測時間為 5.2 分／個，標準差 1.1 分，設以可靠度 95.45%，相對誤差 6%，請計算理論觀測次數： (A)40 (B)50 (C)55 (D)60 (E)70。

30. （　） 承上題，若評比係數 120%，則正常時間為： (A)5.20 分／個 (B)6.24 分／個 (C)4.33 分／個 (D)7.24 分／個 (E)7.40 分／個。

31. （　） 承上題，若寬放率 20%（外乘法），則標準時間為： (A)6.24 分／個 (B)5.20 分／個 (C)7.00 分／個 (D)7.49 分／個 (E)8.59 分／個。

32. （　） 某一操作在馬錶觀後所得平均時間為 0.7 分，若評比 110%，寬放率 15%，則一天工作八小時之合理工作量為： (A)483 件 (B)542 件 (C)656 件 (D)733 件。

33. （　） 下列何者不能列入外來單元(Foreign Element)的計算當中？ (A)作業員上廁所 (B)作業員去喝水 (C)用氣槍清除工件上的鐵屑 (D)領班詢問問題。

34. （　） 碼表觀測某一操作，所得平均時間為 0.84 分，若評比 115%，寬放率 15%，則一天工作八小時之合理工作量為： (A)773 件 (B)756 件 (C)571 件 (D)432 件。

35. （　） 一般進行測時工作時，記錄單元的操作時間有連續法及歸零法兩種，下列對此兩種敘述，何者為非？ (A)歸零法可直接讀取單元的經過時間，故許多在連續測時法中的書面工作均可免去 (B)歸零法亦稱按鈕法 (C)連續法可以呈現整個觀測過程的完整記錄，所有遲延和外來單元均完整記載 (D)歸零法較適用於短操作單元之時間研究，連續法適用於長操作單元。

36. （　） 在碼表時間研究中為便於衡量，通常將操作分割成若干個： (A)製程 (process) (B)動作 (motion) (C)單元 (elements) (D)作業 (operation)。

37. (   ) 哪一種是利用馬錶連續法進行測時工作的優點？　(A)呈現整體觀測過程的完整記錄　(B)適用於量測單元時間較短的作業　(C)數據資料不需要作額外節註記　(D)可將碼錶讀數直接記載於觀測時間(Observed time, OT)欄位。

38. (   ) 時間研究的程序中，不包括下列哪一項？　(A)訂定寬放　(B)建立公式(C)劃分單元　(D)針對操作員的表現進行評比。

39. (   ) 設有某項操作，經過馬錶測時後所得到的平均時間為 1.2 分鐘，評比為 115%，若寬放值設為 12%，則其標準時間為：　(A)0.82 分鐘　(B)0.92 分鐘(C)0.93 分鐘　(D)1.55 分鐘。

40. (   ) 如果你在進行馬錶測時時，觀察到作業員忽然停下來和領班討論材料的問題，以致於暫停工作，這個觀察到的狀況，你應該將它歸納成何種單元？　(A)間歇單元　(B)定值單元(C)外來單元　(D)暫停單元。

41. (   ) 使用碼錶測時進行時間研究時，工作週期或單元較短（如小於 4 秒）的情況可採用以下何種方法？　(A)標準資料法　(B)歸零測時法　(C)連續測時法　(D)工作抽查法。

42. (   ) 一個合格之操作員在不受製程限制下，以正常速度及有效時間利用的情況下，每日所能工作的數量，稱為下列何者？　(A)「正常速度之工作量」　(B)「有效時間之工作量」　(C)「一日之合理工作量」　(D)「合理利用之工作量」。

43. (   ) 下列何者是使用連續法進行碼錶測時的優點？　(A)不需紀錄延遲所造成的時間　(B)適合測量長週期類型的工作　(C)不需要進一步計算過程　(D)可記錄外來單元花費的時間。

44. (   ) 標準時間等於下列何值？　(A)正常時間＋寬放時間　(B)觀測時間＋寬放時間　(C)正常時間×評比係數　(D)觀測時間×評比係數。

45. (　) 某操作單元使用碼錶測時後得到平均觀測時間為 40 秒，西屋評比為 110，若寬放值設為 14%，則該單元之標準時間為以下何者？　(A)44.0 秒　(B)46.8 秒　(C)48.4 秒　(D)50.2 秒。

46. (　) 預定動作時間標準系統(Predetermined time standards system, PTSS)當已完成方法跟成本的方式時，為尋求更好的最佳解，工程師會試下列動作，何者為非？　(A)刪除動作　(B)合併動作　(C)改變動作的順序　(D)降級動作成較多時間的動作。

47. (　) 下列何者不屬於動作經濟原則的三大分類？　(A)人員身體的使用　(B)工具和設備的設計　(C)操作程序的合理化　(D)工作場所的佈置與條件。

48. (　) 下面何種評比法可利用影片或錄影帶方式進行訓練？　(A)合成評比法　(B)客觀評比法　(C)平準比法　(D)速度評比法。

49. (　) 下列何者不能列入外來單元(Foreign Elements)的計算當中？　(A)作業員誤將兩項加工順序對調　(B)作業員去喝水　(C)作業員更換故障手工具　(D)領班詢問作業員問題。

50. (　) 碼錶測時仍是密集抽樣時間研究最常用的工具，當使用碼錶時應注意下列事項，何者為非？　(A)使用前最好先讓碼錶連續走動一段時間（通常為半日）　(B)長時間連續使用時，應注意碼錶之誤差，最好與標準工時配合調整　(C)碼錶安裝於時間觀測板上時，應注意其安裝是否確實，以防脫落　(D)為其方便性，不需要將時間觀測板與碼錶併合在一起紀錄。

51. (　) 碼錶測時對時間研究記錄影響至鉅，其中所使用的連續測時法(Continuous method)，下列描述何者為非？　(A)測時人員必須將每一單元事先予以明確清晰之劃分，以利於紀錄　(B)在操作過程中，不管是延遲或者運送，均要確實記下，除了「外來單元(Foreign elements)」可排除計算外，其他均紀錄　(C)在短促之操

作單元裡，連續測時法有助於標準方法之評估　(D)在第一觀測週期第一操作單元開始，立即將碼錶按行，此後終此整個研究觀測過程，均不再按停歸零。

52.（　）　於時間研究表上，可用「○」將 OT(Observed Time)中所記錄的時間作圈記，代表該時間為：　(A)作業人員重新回到工作的起始時間　(B)粗略值　(C)該 OT 欄的平均時間　(D)外來單元所花費的時間。

53.（　）　一般進行測時工作時，記錄單元的操作時間有連續法及歸零法兩種，下列對此兩種敘述，何者為非？　(A)歸零法可直接讀取單元的經過時間，故許多在連續測時法中的書面工作均可免去　(B)歸零法亦稱按鈕法　(C)連續法可以呈現整個觀測過程的完整記錄，所有遲延和外來單元均完整記載　(D)歸零法較適用於短操作單元之時間研究，連續法適用於長操作單元。

54.（　）　周鴻工廠管理部門對於某一操作單元試行觀測 10 次，其結果如下：7, 5, 6, 8, 7, 6, 7, 6, 6, 6，如其平均值欲得 5%誤差界限，95%可靠界限，請依誤差界限法(Error limit)，求得其應測之次數？　(A) 45 次　(B) 35 次　(C) 25 次　(D) 10 次。

二、計算題

1. 某工作單元已進行觀測 20 次，以 95%相對誤差±5%為準，請計算其理論觀測次數應再增加幾次？

0.12	0.09	0.08	0.09	0.10	0.10	0.12	0.12	0.09	0.10
0.08	0.08	0.09	0.09	0.12	0.10	0.12	0.11	0.09	0.11

2. 某連續測時記錄如右，其操作單元有五個，已觀測五個週程，假設其觀測次數已足夠，且無異常值，採總體評比第 A 與第 D 單元之評比係數為 110%，第 B 與第 E 單元之評比係數為 100%，第 C 單元之評比係數為 90%，寬放率均為 15%，則第 A 至第 E 單元之平均正常時間分別為（分

鐘）_____、_____、_____、_____、_____，其標準時間
分別為（分鐘）_____、_____、_____、_____、_____，
此操作過程之總標準時間為_____分鐘。

單元	A		B		C		D		E	
週程	R	T	R	T	R	T	R	T	R	T
1	16	16	35		85		96		105	
2	20		42		93		200		9	
3	24		45		94		307		16	
4	34		52		403		15		24	
5	39		61		511		23		532	

3. 使用馬錶連續測時的結果如下，計算每單元的平均時間、與正常時間與總作業正常時間。（時間單位 0.01 分）

單元	週程 1	週程 2	週程 3	週程 4	評比係數
工件放置台上	15	--------	22	34	105
調整並夾緊	37	33	46	66	100
開動機器	87	83	98	0420	90
停機鬆夾	99	97	0310	38	100
取工件	107	206	19	-------	110

4. 用連續測時法測得一作業的工時紀錄如下，單位為 0.01 分鐘。

	操作單元 1	操作單元 2	操作單元 3	操作單元 4	操作單元 5	操作單元 6
週期 1	19	33	68	102	32	58
週期 2	79	208	38	72	304	30
週期 3	48	63	96	432	63	90
週期 4	511	25	57	90	622	50
週期 5	70	85	717	51	82	810
週期 6	31	47	80	915	45	71
評比	95	105	110	95	105	105

個人寬放為 5%，疲勞寬放為 8%，再給特別寬放 5%。依此回答以下問題：

(1) 馬錶指針共走了約： (A)9 分 43 秒 (B)10 分 11 秒 (C)11 分 27 秒
(D)11 分 12 秒 (E)10 分 30 秒。

(2) 操作單元 1 的正常時間為： (A)0.20 分 (B)0.19 分 (C)0.22 分
(D)0.25 分 (E)0.35 分。

(3) 操作單元 2 的標準時間為： (A)0.2127 分 (B)0.1554 分 (C)0.1803
分 (D)0.1723 分 (E)0.1834 分。

(4) 此作業的標準時間為： (A)1.9644 分 (B)1.6399 分 (C)1.9351 分
(D)2.0422 分 (E)1.6217 分。

CHAPTER **05**

評 比

Work Study:
Methods, Standards and Design

5.1　評比的意義與操作員的選擇

　　在進行時間研究的整個過程中，工作研究分析人員必須詳細觀察與記錄操作人員的表現，然而並非觀察每一位操作人員，操作人員間存在著先天的個別差異，每個人的年資、技術水準、生理狀況、訓練均不一樣，且隨著時間的增加，差異會越明顯。年資深、技術純熟的人員其工作速度較快，完成工作所需時間一定較少；反之新進人員的工作速度一定較慢，完成工作所需時間一定較多。又由於常無法做到對每一位操作人員均觀測，因此在進行工作衡量時是隨機選擇少數代表性的人員為觀測對象，這些人員的水準為所謂的平均水準，在觀測的時候，被要求以正常速度來操作，不可太快，亦不可太慢，此稱為正常速度(Normal pace)如在 0.5 分鐘內將 52 張撲克牌分成四堆之速度，或以每步 27 吋（68.6 公分）之步伐每小時行走 3 英里（4.8 公里）的距離。為了平衡被觀測人員的臨時緊張或其他因素帶來的異常，時間研究分析人員對被觀測人員的操作表現要與想像中的正常表現相互比較，以一個比率係數來調整，如此才可建立正常操作人員的真正標準。訂定這個比率係數的方法即為評比(rating)，評比是整個工作衡量中最重要的一個步驟。評比係數的決定依賴於時間研究分析人員的主觀判斷，要完美一致的評比是不可能的。因此欲得公平客觀的標準，分析人員一定要有良好的評比經驗與訓練。

　　評比與被觀測的操作人員有極大關係，故選擇的操作人員應滿足下列條件：

1. 生理狀況良好。

2. 有足夠的工作經驗，能勝任工作。

3. 在沒有或極少監督下能熟練有效地操作。

4. 從一個工作單元至另一工作單元的過程中，不會發生遲疑或中斷。

5. 能遵循動作經濟原則。

6. 正確使用工具設備。

5.2　評比系統建立

5.2.1　訂定評比計畫

　　由於評比技術大多依賴時間研究分析人員的主觀判斷，為能消除操作人員的疑慮，獲取操作人員的信心，首先應有一客觀一致的評比計畫(rating plan)。不同操作人員從事同一工作時，各個時間研究分析人員觀測所得之標準與平均標準的差異不超過 5%，這樣才為一致有效的評比。評比的設計要簡單明確，容易解釋，使操作人員易於瞭解接受。

5.2.2　在工作場所進行評比

　　觀測操作人員的操作時才實施評比，且時間研究分析人員在觀測完成且記錄最後評比係數後，應主動將評比結果告訴操作人員，主要目的是讓操作人員既可馬上知道評比，對評比如有異議又有馬上表達之機會，減少操作人員抱怨情形，進而使建立的標準時間更為客觀。

5.2.3　評比訓練

　　時間研究分析人員必須不斷參與評比訓練，其目的除使自己的評比前後能一致外，亦需與他人所得的評比一致，如此才能獲得操作人員的信賴。

　　最為廣泛應用的評比訓練方法乃是將不同操作之生產力水準的影片放映給受訓者觀察，影片中均已有已知的正確評比係數。影片放映後，受訓者將自己所建立的評比與影片正確的評比相比較。若二者的差異太大，應探究原因。

　　訓練影片中的操作，不宜太複雜，簡單即可，但其中應包括若干迅速的操作。觀察短操作單元，其最大優點為可培養時間研究分析人員觀測的速度與訓練其專注力，並同時留意週遭環境。

 ### 5.2.4　單元評比對總體評比

　　實施評比次數越多，所得的結果越能反應出操作人員的表現。一般而言，短週程、重複性的操作，操作的變異程度通常非常小，因此時間研究分析人員要專心記錄操作單元的評比係數；至於機器操作單元的評比係數則因機器的速度是固定的，遂將其係數定為 1.0。又由於時間研究分析人員忙於讀取秒數及記錄，所以評比的次數相對會較少些。

　　對於超過 30 分鐘的長週程，其評比係數的決定尚需考慮週程內所包含操作單元的長短。若週程內包含的操作單元為一系列小於 0.10 分鐘的短操作單元，此時操作單元的評比較困難，評比係數的決定應採用總體評比。若週程內包含的多個長操作單元時，由於操作員的表現無法每次一致，此時應採用週期性評比，且對一操作單元均給予評比係數。

 ### 5.2.5　慎選操作人員

　　評比的進行常是由公司預先選定若干操作人員令其從事相同工作，由時間研究分析人員進行觀測，求取這些人員的操作時間平均值，訂為工作的正常時間，平均值必須在母體平值的正負 5%之內。評比的成功與否，與觀測的操作人員的表現有直接關係，因此審慎選擇操作人員，根據前述的條件來選擇合格的操作人員。

5.3　評比方法

 ### 5.3.1　西屋評比法

　　西屋評比法(Westinghouse rating)是由西屋電器公司(Westinghouse Electric Corporation)所提出，此法評估操作人員的表現主要是考量技術、努力、工作環境與一致性等四個因素。但有些公司在使用時僅考慮技術與努力兩因素，其認為一致性與技術非常接近，故併入技術中。工作環境大多為正常工作環境，故可不考慮。技術被定義為「實行既定工作方法的效率」，或「手腦配合

一致的技術」。影響作業人員的技術除了先天性的因素外,尚有後天的工作經驗、訓練等影響。作業人員從事相同的工作會隨著工作時間的增加,學習曲線之效應,技術程度會增加,工作速度會增快,動作會圓暢,猶豫與出錯的情形會減少,平均工作時間會減少。

西屋評比法將技術分為六個等級:劣(poor)、可(fair)、平均(average)、良(good)、優(excellent)及極佳(super)。下表 5.1 所列為各技術等級與其對應的係數值,係數值由−0.22 至+0.15。

表 5.1　技術熟練程度等級

+0.15	A1	極佳
+0.13	A2	極佳
+0.11	B1	優
+0.08	B2	優
+0.06	C1	良
+0.03	C2	良
0.00	D	平均
−0.05	E1	可
0.10	E2	可
−0.16	F1	劣
−0.22	F2	劣

根據操作人員的表現評估其等級技術,再將技術等級轉換成相對應的係數。

努力為「工作效率意願的表現」,即作業人員在可自由控制情形下,以固定技術水準所表現的速度。努力程度的等級亦分為劣(poor)、可(fair)、平均(average)、良(good)、優(excellent)及極佳(super)等六級,其相對應的係數範圍為在−0.17 至+0.13 之間,如下表 5.2 所示。

表 5.2 努力程度

+0.13	A1	極佳
+0.12	A2	極佳
+0.10	B1	優
+0.08	B2	優
+0.05	C1	良
+0.02	C2	良
0.00	D	平均
−0.04	E1	可
−0.08	E2	可
−0.12	F1	劣
−0.17	F2	劣

　　工作環境是指會影響操作人員而不會影響操作的因素，影響工作環境的因素有溫度、濕度、通風、光線及噪音等，這些因素應以一般常見且適合工作的環境列為正常標準。工作環境的等級亦分為劣、可、平均、良、優及理想等六級，其相對應係數範圍為在−0.07 至+0.06 之間，如下表 5.3 所示。

表 5.3 工作環境

+0.06	A	理想
+0.04	B	優
+0.02	C	良
0.00	D	平均
−0.03	E	可
−0.07	F	劣

　　一致性評比是指針對人為操作的同一單元觀測，若觀測時間常相同，則意謂著一致性高，但要達成此情形有其困難，應影響操作時間的變數相當多。一般來說，短的操作較易獲得一致性。一致性的等級分為：劣、可、平均、良、優及完美等六級，其相對應係數範圍為在−0.04 至+0.04 之間，如下表 5.4 所示。

表 5.4　一致性

+0.04	A	完美
+0.03	B	優
+0.01	C	良
0.00	D	平均
−0.02	E	可
−0.04	F	劣

時間研究分析人員根據觀測操作人員的表現,評估各因素等級,再將其轉換成相對應的係數,之後進行加總而得評比係數,如下表所示:

技術	C1	+0.06
努力	C2	+0.02
工作環境	D	0.00
一致性	F	−0.04
因素和		+0.04
評比係數		1.04

西屋電器公司於 1949 年又發展一新的評比方法,命名為績效評比計劃(performance rating plan),目前為大多數西屋電器分公司所採用。此法主要考慮因素為操作人員表現的生理屬性與生理屬性有相關的動素,生理屬性分為靈巧度(dexterity)、工作效果(effectiveness)及生理應用(physical application)等三類。

每類生理屬性再分為若干屬性,每個屬性可分為若干等級,且有相對應的係數值,如下表 5.5 所示。

靈巧度屬性包含有三個屬性,第一個屬性為使用設備、工具及裝配零件所表現能力,主要考量乃是取得動作發生之後執行的部分,所以相關的動素為伸手、握取及移動。第二個屬性為動作的確定性,主要考量是猶豫、中止、迂迴的次數和程度等動作,故相關的動素為改變方向、計畫與故延。第三個屬性為手腦一致及動作的節奏感,主要考量為是否手腦並用、動作的圓滑性與持續性。

　　工作效用屬性共包含有四個屬性，第一個屬性為連續放回及取出工具和零件所表現的自動性和準確性，主要考量為操作人員重複將工具和物料零件放回固定位置及由固定位置取出工具和零件物料時，所表現的自動性和準確性，以及是否能消除如尋找和選擇等無效的動素。第二個屬性為簡化動作、消除不必要動作、動作合併及縮短動作所表現的能力，對此關動素為對準、預對、放手及檢驗等動素。第三個屬性為使用雙手所表現能力，主要考量乃為操作人員是否有效利用雙手。第四個屬性為僅從事必要工作的表現，主要考量為操作人員是否從事不必要的工作。從事必要之工作，是當然之事；從事不必要的工作其係數不得為正值。

表 5.5　績效評比計畫係數表

	以上 +		期望程度 0	以下 −	
靈巧度：					
1. 使用設備、工具及裝配所表現能力	6	3	0	2	4
2. 動作的確定性	6	3	0	2	4
3. 手腦一致及動作的節奏感		2	0	2	
工作效果：					
1. 連續放回及取出工具和零件所表現的自動化	6	3	0	2	4
2. 簡化動作、消除不必要的動作、動作合併及縮短動作所表現能力	6	3	0	4	8
3. 使用雙手所表現能力	6	3	0	4	8
4. 僅從事必要工作的表現			0	4	8
生理應用：					
1. 工作速度	6	3	0	4	8
2. 注意力			0	2	4

　　生理應用屬性包含有兩個屬性，第一個屬性為工作速度，其主要考量乃為將觀測操作人員的操作速度與時間研究分析人員所設定的正常速度相互比較，以之評定等候。第二個屬性為注意力，主要考量乃為根據操作人員的專心程度來評定等級。

無論西屋系統法或績效評比計畫均較適用於做週程評比或總體評比，較不適合於單元評比，除非單元的時間夠長，才能應用之。

 ### 5.3.2　合成評比法

合成評比法(synthetic rating)又稱綜合評比法，目的是為了獲得一致公平且消除時間研究分析人員主觀判斷的評比，其做法為將觀測所得的數據，其中若干典型單元的觀測時間值與相同單元之基本動作時間相比較，求得此若干典型單元的評比係數，即可以下列式子表示：

P = Bt / O

P：評比係數

Bt：基本動作時間

O：單元之平均觀測時間

基本動作時間(basic motion time)也稱為預定時間標準，在第八章與第九章有較詳細內容說明。有了各典型單元的評比係數，再求其平均值，此平均值即為此操作的評比係數，例如：

單元編號	觀測的平均 時間（分）	單元類別	基本動作 時間（分）	評比係數
1	0.07	人工操作	0.087	122
2	0.15	人工操作		122
3	0.06	人工操作		122
4	0.22	人工操作	0.264	122
5	1.38	動力操作		100
6	0.08	人工操作		122
7	0.11	人工操作		122
8	0.36	動力操作		100
9	0.12	人工操作		122
10	0.06	人工操作		122
11	0.18	人工操作		122
12	0.08	人工操作		122

就第一單元而言，

$$P = 0.087 / 0.07 \times 100\% = 124\%$$

就第四單元而言，

$$P = 0.264 / 0.22 \times 100\% = 120\%$$

此二單元的平均值為 122%，此評比係數即為所有人工操作單元的評比係數。

合成評比法必須建立一個以上的典型單元評比係數，而欲完成此，又需先建立典型單元的雙手操作圖及基本動作數據，這是合成評比法的主要缺點。

5.3.3 速度評比法

使用速度評比法(speed rating)的前提為時間研究分析人員要充分瞭解與熟悉欲觀測的操作，因此法僅考量操作員在單位時間內完成的工作量。無論單元、週程或總體之評比，速度評比法均適用。時間研究分析人員將觀察的結果與心目中的正常結果二者加以比較，是優於正常或比正常差，再給予一適當評比值。正常的評比值為 100%，若評比為 110%，表示比正常速度快10%；反之若比正常慢 10%，則其評比為 90%，故此法最容易使用、說明、解釋，且易獲得最佳結果。下表 5.6 所示為不同等級行走速度與每半分鐘內發撲克牌數之速度評比。

欲有效地使用速度評比法，應具備下列四個準則：(1)要有待測工作的經驗；(2)至少有兩個操作單元可與綜合基準比較；(3)所選定操作人員之個別表現要在正常的 85～115%範圍內；(4)評比值是由三個以上的時間研究中所得的平均值。

表 5.6　速度評比

評比值	口語式的評價	行走速度 (mph)	每半分鐘 的發牌數
0	沒有活動	0	0
67	很慢、笨拙	2	35
100	穩定、從容的	3	52
133	精神勃勃的、很認真的	4	69
167	很快、很靈巧	5	87
200	極快的	6	104

5.3.4　客觀評比法

　　前述之評比均必須先建立正常的操作，以正常的操作為基準，將觀測之操作與正常之操作相互比較，才訂出評比。實際上訂出各工作之正常操作實屬不易，因此 M. E. Mundel 為簡化此程序乃發展出客觀評比法(objective rating)，其做法為先建立一客觀的速度標準，再將待觀測工作與客觀之速度標準相比較，得一步調評比係數(P)，接著再根據待觀測工作的困難度，指定一工作難度調整係數(D)。影響工作難度的因素有身體部位使用情況、足踏情況、雙手操作、手眼的配合、處理或感覺的需求及搬運之重量或遭遇之阻力等六項因素，這六項因素的係數加總即為工作困難度調整係數(D)，步調評比係數與工作困難度調整係數的相乘而得客觀評比，即

　　$R = P \times D$

　　R：客觀評比係數。

　　P：步調評比係數。

　　D：工作困難度調整係數。

5.4　評比實施要點

1. 能否獲得正確評比的首要要素，為時間研究分析人員最好要有觀測工作的經驗。

2. 選擇之操作人員要有對待測工作之經驗，易接受時間研究觀測，且能一致地表現正常之操作速度。

3. 建立標準之前，應進行三次以上的評比，即增加觀測次數，如藉此相互彌補誤差而使誤差總數減少。

4. 若操作包含較長單元，則應對每個單元進行評比；若操作包含較短單元，則應對整個操作做評比。

5. 評比應在記錄時間之前完成。

6. 操作人員的表現水準與操作的性質會影響評比誤差，評比經驗少的分析人員，通常對低於水準的操作表現的評估會高估；而對高於水準的操作表現的評比則會低估。對於低於水準的操作，複雜的操作其高估情況會比簡單的操作為大；而對高於水準的表現，簡單的操作較會呈現低估的情況。

7. 迄今沒有一項試驗可準確地評估個人的評估能力，然實務顯示經過評比訓練的人較能有一致性結果。時間研究分析人員應經常練習評比，增加評比經驗，結果的一致性提高，使個人主觀判斷減至最小。

5.5　評比值應用

在進行時間研究測時的過程中，由時間研究分析人員所獲得的評比值，主要是用於獲得操作的正常時間(NT)，因此在觀測結束後，時間研究分析人員可將觀測時間(OT)乘上評比值(R)，再除以 100，而可得正常時間，即：

$$NT = OT \times R / 100$$

5.6　總　結

迄今沒有放之四海皆準的評比方法，每一評比系統仍依賴時間研究分析人員的主觀判斷，因此欲獲得較一致評比時間研究分析人員應經訓練，練習評比，增加評比經驗與判斷，消除低估或高估傾向，個人主觀判斷降低至最小，使評比的一致性提高。

一、選擇題

1. （　）下列哪種時間不受評比影響？　(A)機器加工時間　(B)間歇性單元　(C)人力加工時間　(D)可變單元　(E)以上皆非。

2. （　）在客觀評比中若速度評比為 80%，工作困難度評比為 110%，則總評比為：　(A)70%　(B)95%　(C)88%　(D)50%　(E)190%。

3. （　）依據速度評比法，以 100%為正常，若評比係數為 90%，平均觀測時間為 4 分鐘，則正常時間為多少分鐘？　(A)5.6　(B)4.4　(C)3.6　(D)3.0　(E)2.7。

4. （　）作業速度快的作業員其評比通常：　(A)較小　(B)較大　(C)時大時小　(D)無法衡量　(E)以上皆非。

5. （　）評比值越大，表示觀測時間相對於正常時間：　(A)較短　(B)相等　(C)時大時小　(D)較長　(E)無關。

6. （　）觀測所得到的動作時間值經評比調整後得到的時間值稱為：　(A)正常時間　(B)評定時間　(C)標準時間　(D)間接時間　(E)調整時間。

7. （　）一般正常速度約多久（分鐘）可將 52 張撲克牌分成四堆？　(A)0.2　(B)0.3　(C)0.4　(D)0.5　(E)0.6。

8. （　）下列哪一種時間研究法需要評比之判斷？　(A)預定動作時間標準法　(B)MTM 法　(C)標準資料法　(D)工作因素法　(E)馬錶時間研究。

9. （　）西屋法或稱平準化法的評比過程中未考量下列哪一因素？　(A)熟練　(B)努力　(C)身體部位　(D)工作環境　(E)一致性。

10. （　）下列何種評比方式需要考量到工作環境？　(A)西屋平準化評比　(B)合成評比　(C)速度評比　(D)學習評比　(E)客觀評比。

11. （　） 若阿珍是嚴格的評比者，則表示：　(A)阿珍對所有的作業員所打的評比都相同　(B)阿珍所打的評比往往高於 120%　(C)阿珍所打的評比比作業員的正常評比要低　(D)阿珍所打的評比與作業員的正常評比相同　(E)阿珍所打的評比比作業員的正常評比要高。

12. （　） 所謂正常速度係指：　(A)1 分鐘內將撲克牌 52 張分 4 堆　(B)0.5 分鐘內走完 100 呎　(C)0.5 分鐘內將撲克牌 52 張分 4 堆　(D)0.35 分鐘內走完 30 呎　(E)以上皆非。

13. （　） 在使用馬錶測時的時候，對於較為短促（例如短於 0.056 分鐘）的操作單元應採用：　(A)連續測時法　(B)歸零法　(C)以上兩者皆用　(D)以上兩者皆不適用。

14. （　） 評比方法中不用主觀判斷的評比系統為：　(A)西屋法　(B)客觀評比法　(C)速度評比法　(D)合成評比法　(E)樂觀評比法。

15. （　） 何者不是平準化評比法所考慮的因素：　(A)環境　(B)速度　(C)一致性　(D)努力　(E)熟練。

16. （　） 在速度評比中，若評比為 90%，則表示正常時間為實測時間的百分之多少：　(A)111%　(B)120%　(C)125%　(D)100%　(E)90%。

17. （　） 下列何種工作單元不需評比：　(A)以手旋緊　(B)以手打開夾具並按停機器　(C)手取材料　(D)機器自動切割　(E)以手刷出削屑。

18. （　） 在客觀評比中若速度評比為 70%，工作困難度評比為 120%，則總評比為：　(A)70%　(B)95%　(C)84%　(D)50%　(E)190%。

19. （　） 在速度評比中，若評比為 80%，則表示正常時間為實測時間的百分之多少：　(A)125%　(B)120%　(C)115%　(D)80%　(E)75%。

20. （　） 下列何種評比方法，將影響工作之困難度，分成六個因素？　(A)客觀(objective)評比　(B)平準化(leveling)評比　(C)速度(speed)評比　(D)合成平準(synthetic leveling)評比　(E)以上皆是。

21. （ ） 若正常時間在 1 分鐘內可做 80 件，若觀測一作業員 1 分鐘做 100 件，此時評比係數應： (A)大於 1 (B)小於 1 (C)等於 1 (D)等於 0 (E)以上皆有可能。

22. （ ） 在速度評比法中，操作者的速度越快其評比係數應 (A)越大 (B)越小 (C)隨便 (D)以上都對 (E)不一定。

23. （ ） 「評比」係一種判斷或評價技術，其目的係要使實際操作時間，調整至平均工人之： (A)平均速度 (B)正常速度 (C)最高速度 (D)一般速度 (E)最低速度。

24. （ ） 利用馬錶時間研究，當觀測時間大於正常時間時，其評比係數應該： (A)等於 1 (B)小於 1 (C)大於 1 (D)等於 0 (E)大於 1.5。

25. （ ） 下列何者是一個好的評比系統(rating system)的特徵？ (A)一致性 (B)可用性 (C)準確性 (D)簡單性 (E)以上皆是。

26. （ ） 當我們用西屋法(Westinghouse system)來評定工作環境(condition)時，下列何者不是所應考慮的因素？ (A)溫度 (B)濕度 (C)手工具使用情況 (D)通風情況，(E)以上皆非。

27. （ ） 下列何者是在使用合成評比法(synthetic rating)所必須要熟練的技術？ (A)計畫評核術(PERT) (B)預定動作時間標準法(PTSS) (C)流程程序圖(flow process chart) (D)操作程序圖(operation process chart) (E)以上皆非。

28. （ ） 依據速度評比法，以 100%為正常，若評比係數為 90%，平均觀測時間為 3 分鐘，則正常時間為多少分鐘？ (A)5.7 (B)3 (C)2.7 (D)0.3 (E)3.7。

29. （ ） 評比值越大，表示觀測時間相對於正常時間： (A)較短 (B)較長 (C)無關 (D)相等 (E)時大時小。

30. （ ） 下列何種評比方式需要考量到工作環境？ (A)速度評比 (B)合成評比 (C)學習評比 (D)客觀評比 (E)西屋平準化評比。

31.（　）下列何者不屬於績效評比(Performance Rating)的方法？　(A)速度評比法(Speed rating)　(B)基礎評比法(Fundamental rating)　(C)客觀評比法(Objective rating　(D)西屋系統(Westinghouse rating)。

32.（　）下面何種評比法可利用影片或錄影帶方式進行訓練？　(A)合成評比法　(B)客觀評比法　(C)平準比法　(D)速度評比法。

33.（　）一般而言，若是作業員的操作績效介於標準的何種範圍內，則分析師所建立的時間標準與真實評比結果的誤差範圍應在±5％以內？　(A)85~115%　(B)80~120%　(C)75~125%　(D)70~130%。

34.（　）利用馬錶時間研究，當觀測時間大於正常時間時，其評比係數應為：　(A)大於 1　(B)小於 1　(C)等於 0　(D)大於 2。

35.（　）設某一操作單元，其觀測時間之平均數為 0.07 分鐘，評比係數為 120%，總寬放率為 15%，求標準時間為多少分鐘？　(A)0.0926　(B)0.0941　(C)0.0966　(D)0.1208。

36.（　）何謂樂觀估計？　(A)不受任何因素影響，而順利完成作業的時間　(B)在一般情況之下，完成一項作業的可能時間　(C)在最不利的情況下，完成一項活動所需的時間　(D)在最有利的情況下，完成一項活動所需的時間　(E)以上皆屬之。

37.（　）人工效率因素＝工作比率×□？　(A)人工時數　(B)產品產出數　(C)平均績效指標　(D)附加價值。

38.（　）下列何者不屬於績效評比(Performance Rating)的方法？　(A)速度評比法(Speed rating)　(B)平準化法(Leveling)　(C)客觀評比法(Objective rating)　(D)心理物理學法(Psychophysics)。

39.（　）客觀評比方法，工作困難係數的調整不包括下列哪一項？　(A)重量　(B)工作環境　(C)身體使用部位　(D)手眼之配合。

40.（　）在速度評比法中，若以100%為正常狀況，且正常時間是6分鐘，則當評比係數是120%時，其觀測時間接近多少分鐘？　(A)5分鐘　(B)4分鐘　(C)3分鐘　(D)2分鐘。

41.（　）評比技術為能消除操作人員的疑慮，獲取操作人員的信心，進而建立以下評比方法，下列何者為非？　(A)合成評比法(synthetic rating)的缺點，必須建立一個以上的典型單位評比係數，欲完成此，又需要先建立典型單位的雙手操作圖及基本動作數據　(B)速度評比法(speed rating)僅以「平均作業員」之「正常速度」為基礎觀念，而將相同工作之速度相對於「正常速度」以百分率之方式加以評估　(C)客觀評比法(objective rating)，先建立客觀的速度標準，再將主觀意識標準與客觀之速度標準相比較，得一步調評比係數(P)　(D)西屋評比法(Westinghouse rating)此法評估操作人員的表現，考量技術、努力、工作環境與一致性，作為評比依據。

42.（　）有關時間研究中評比(Rating)的特性，下列敘述何者為非？　(A)評比受到分析者主觀認定影響　(B)評比容易招受批評　(C)評比的原因是因為工作中常有突發狀況出現　(D)評比可藉由訓練獲得改善。

43.（　）客觀評比方法之中，困難度調整係數不包括下列何項？　(A)肢體運用多寡　(B)手眼協調　(C)足部踩踏狀況　(D)環境舒適程度。

44.（　）在進行時間研究中，評比值愈小，表示觀測時間相對於正常時間？　(A)相等　(B)較短　(C)無關　(D)較長。

45.（　）針對某一週期分成四個單元的作業進行碼表時間研究，得到第一至第四單元之平均觀測時間依序為 0.12, 0.09, 0.17, 0.26 分鐘，再查 PTS 標準動作時間資料得知第一與第三單元分別為 0.13 及 0.19 分鐘，請利用合成法決定評比係數。　(A) 0.89　(B) 0.91　(C) 1.10　(D) 2.13。

46.（　）評比的準確與否將影響到標準工時的訂定，一般合格的評比與總體平均值的差異應在：　(A) ±2%　(B) ±5%　(C) ±8%　(D) ±10%。

47.（　）　下列敘述何者為正確？　(A)在工作檯上符合動作經濟原則的半圓球範圍，是以工作人員的肩部為軸心　(B)馬錶時間研究適用於生產週期之間有較大變異之操作　(C)若是操作員的學習進度位於學習曲線的陡峭部分時，該作業員的作業績效就可成為制訂標準資料之依據　(D)速度評比是以「正常速度」為評估基準（一般設為100％），在相同工作情況下，其速度較「正常速度」慢時，則其評比系數小於 100％，以得到較短的時間。

48.（　）　在整個時間研究的過程中，評比系統(Rating system)為最重要的一環，下列敘述何者為非？　(A)評比應在記錄時間之前執行　(B)若操作包含較長的單元，則對於整個操作進行評比　(C)利用評比將觀測時間調整至正常表現所需的時間　(D)以操作速度來評比是最快速且簡單的方法。

二、問答題

1. 為何業界常無法發展出「正常」操作的普遍觀念？

2. 操作人員的表現受哪些因素影響而大有差異？

3. 在已知時間研究下，績效評比頻率之影響因素有哪些？請說明西屋評比法？

4. 在西屋法中，為何須評估工作環境？

5. 何謂合成評比法？其主要缺點為何？

6. 速度評比法的理論有何依據？其與西屋評比法有何差別？

7. 優良的速度評比法應具備哪四個準則？

8. 建立合成評比係數時？為何必須使用一個以上的操作單元？

三、工作研究實習－正常速度練習

1. 實習目的：

　　工作於標準狀態下，且實施此工作之人員，須符合規定條件與訓練有素之合格作業員擔任，並以正常速度(normal pace)作業，所謂正常速度係指作業員於標準的狀態下作業，作業速度既不太慢也亦不太快，經長時間之工作對作業員之生理、心理均無傷害產生，最普遍的正常速度概念為「以每步 27 吋（68.6 公分）之步伐每小時行走 3 英里（4.8 公里）、每分鐘行走 80 公尺，或以 30 秒的時間將 52 張撲克牌分成四堆。於這種情況下完成工作所需之時間，可稱為正常時間(normal time)。

2. 實習設備：

　　(1) 捲尺。

　　(2) 碼錶。

　　(3) 撲克牌。

　　(4) 紀錄紙。

3. 實習程序

　　(1) 正常行走速度練習：首先定義起始點並運用捲尺測量出 80 公尺的長度，由紀錄者下令受試者開始行走同時開始計時，當受試者抵達終點時停止計時，並將時間記錄於紀錄紙上。重複三次實驗計算平均值，並討論與正常速度（1 分鐘）之差異。

　　(2) 正常發牌速度練習：由紀錄者下令受試者開始後，受試者運用撲克牌在桌面分派成四堆，當受試者完成時停止計時，並將時間記錄於紀錄紙上。重複三次實驗計算平均值，並討論與正常速度（1 分鐘）之差異。

正常行走速度練習表

受試者	第一次	第二次	第三次	平均	與正常速度之差異

正常發牌速度練習表

受試者	第一次	第二次	第三次	平均	與正常速度之差異

CHAPTER **06**

寬 放

Work Study:
Methods, Standards and Design

6.1　寬放的意義與訂定方法

在時間研究分析過程中，分析人員經由觀測操作人員所獲得之觀測時間資料後，再納入績效評比因子而獲得正常時間，即正常時間是操作人員實施一項工作所需消耗的時間長度。然而正常時間仍然不是標準時間，因為在工作過程中，尚有許多因素干擾著工作的進行，例如：喝水、上廁所、擦汗、調整與維修機器、與領班交談、等待物料、因疲勞的休息中斷等。這些因素所發生時間在觀測時間中均予以捨棄，以致在正常時間中就未包含其中。因此時間研究分析人員在建立標準時間之前，應予以補償這些因個人遲延、不可避免的遲延及疲勞等必要因素所需時間，就稱之為寬放(allowance)。

寬放所含蓋的主要應用領域為(1)應用於整個週期時間(total cycle time)；(2)應用於機器時間(machine time)；(3)應用於人工時間(effort time)等三類。

以整個週期時間為施用對象時，其寬放包括私事、清理工作台及給機器潤滑。若以機器時間為施用對象，則寬放包括刀具的保養、維修機器及動力的改變。至於人工時間方面的寬放，則包括疲勞及不可避免的遲延。

訂定寬放值的方法有生產研究法(production study)與工作抽查法(work sampling)等兩種方法，生產研究法又稱連續觀察法，即時間研究分析人員對數個相同的操作進行長時間的觀測，並記錄每一個閒置(idle)的經過時間及原因，當夠多的樣本建立後，再總計觀測結果，以決定各項目的寬放百分比。由於運用此法需要進行長時間的直接觀測，這對時間研究分析人員及操作人員而言是一冗長吃重的工作，此為生產研究法的主要缺點。再者必須取得足夠多的樣本，否則結果代表性較有爭議。

工作抽查法乃採行隨機觀測，時間研究分析人員不定時（隨機抽樣時間）至工作現場，不必使用馬錶觀測，記錄內容是只記錄當時發生情況，是操作中或為閒置狀態，當觀測次數累計至理論的抽樣次數時，將總閒置次數除以總觀測次數，即可獲得寬放百分比。

6.1.1　寬放類別

　　寬放主要區分為疲勞寬放與特殊寬放,疲勞寬放又可分為固定與變動疲勞寬放,而固定寬放包含私事寬放與基本疲勞寬放。特殊寬放涉及製程、設備及物料等有關因素,可分為不可避免的遲延、可避免的遲延、額外與政策寬放,如下圖所示。

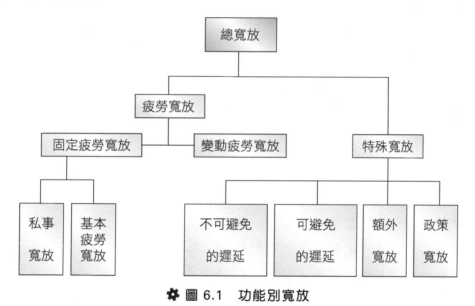

✿ 圖 6.1　功能別寬放

6.2　固定寬放

6.2.1　私事寬放

　　私事寬放包含所有為維持操作人員福利所需要的短暫性中止,例如上廁所或喝開水等。一般而言,對大多數的操作人員給予 5%的私事寬放,但尚需考慮工作環境與工作的種類。處在高溫下從事粗重的工作其所需的私事寬放必定大於舒適溫度下的輕鬆工作。

6.2.2　基本疲勞寬放

　　基本疲勞寬放為定值寬放，其主要考量為操作人員所需之體力以及工作時的乏味沉悶感覺。一般在良好工作環境下，坐著進行輕鬆工作的操作人員給予 4%的基本疲勞寬放。

6.2.3　變動的疲勞寬放

　　疲勞是不可能被消除，只是可以減少疲勞。通常疲勞寬放僅適用於人力工作，沒有合理的數據，因此很多 MTM 的擁護者認為使用 MTM 基本動作數據即可，不須再給予疲勞寬放，他們所持理由為 MTM 的數據是根據健康的操作人員，在一天八小時所能維持之速度。因此建議變動疲勞的寬放最好參照標準依身體的、化學的、生理學的實驗的平均值來估計，以補償因工作環境及重複性工作所引起的疲勞。

　　疲勞對每個人的影響並不相同，疲勞發生的原因除一般常見的生理因素外，尚有心理因素，心理的因素較難衡量。無論是生理上或心理上引起的疲勞，其結果均是會減低操作人員的工作意願。影響疲勞的主要因素有下列數項：

1. 工作環境

    (1) 照明。

    (2) 溫度。

    (3) 濕度。

    (4) 空氣清新度。

    (5) 室內及四周環境的顏色。

    (6) 噪音。

2. 工作性質

    (1) 操作時的姿勢。

    (2) 相同身體移動的單調性。

(3) 操作時注意力的要求。

(4) 肌肉受力引起的肌肉疲勞情況。

3. 工作者的健康情況——生理與心理

(1) 食物營養。

(2) 生理狀態。

(3) 休息時間。

(4) 情緒的穩定情況。

(5) 家庭的情況。

　　由於科技的進步，製造自動化的程度提高，傳統需要體力的粗重工作逐漸減少，使得生理上引起疲勞顯著減少，但心理上的疲勞依照存在，且有增加趨勢。即疲勞不可能被消除，既是如此，吾人必須予以適當的寬放以補償疲勞。表 6.1 為國際勞工局(International Labor Office, ILO)將受工作環境影響所需的私事寬放係數及疲勞寬放係數，其主要考量因素包括站立工作、不正常的姿勢工作、肌肉受力情況、照明、空氣情況、須集中注意力之工作、噪音程度、視覺負荷、精神負荷、單調、冗長及煩悶。實務上，寬放因素通常決定於時間研究人員的判斷、工作抽查以及員工與管理者雙方協議的結果。應用此表時，詳細研究分析要給予寬放率的各單元，其中不正常的姿勢、肌肉受力情況、噪音程度、照明水準、視覺負荷等因素均可參照人因工程的各試驗數據進行衡量評估。並給予每一單元寬放係數，之後加總各單元係數，即可得到總變動的疲勞係數，最後再將總變動寬放加上固定寬放。

表 6.1　國際勞工局(ILO)的寬放建議(%)　

A. 固定寬放
　　1. 私事寬放 5
　　2. 基本疲勞寬放 4
B. 變異性寬放
　　1. 站立寬放 2
　　2. 不正常姿勢寬放：
　　　　a. 稍有不便 0
　　　　b.不便（彎身） 2
　　　　c.甚為不便（躺著或伸展） 7
　　3. 使用力量或肌肉能量（提、拉、推）
　　　　抬舉的物體重量施力（磅）
　　　　　 5 0
　　　　　10 1
　　　　　15 2
　　　　　20 3
　　　　　25 4
　　　　　30 5
　　　　　35 7
　　　　　40 9
　　　　　45 11
　　　　　50 13
　　　　　60 17
　　　　　70 22
　　4. 光線惡劣
　　　　a. 略低於正常量 0
　　　　b. 較正常量低很多 2
　　　　c. 非常不足 5
　　5. 空氣情況（熱度及濕度）——變數 0-10
　　6. 須密切注意之工作
　　　　a. 一般精密之工作 0
　　　　b. 精確或精密之工作 2
　　　　c 非常精確或精密之工作 5
　　7. 噪音
　　　　a. 連續 0
　　　　b. 間歇——大聲 2
　　　　c. 間歇——很大聲 5
　　　　d. 高音調——大聲 5
　　8. 精神緊張
　　　　a. 一般複雜的操作 1
　　　　b. 複雜或需廣泛注意的操作 4
　　　　c. 很複雜的操作 8
　　9. 單調
　　　　a. 低 0
　　　　b. 中 1
　　　　c. 高 4
　　10. 冗長而煩悶
　　　　a. 一般冗長而煩悶 0
　　　　b. 冗長而煩悶 2
　　　　c. 很冗長而煩悶 5

6.3　特殊寬放

 ### 6.3.1　不可避免的遲延

不可避免的遲延(unavoidable delay)為適用於人力操作單元，包含領班、品管等人為因素的干擾、一人操作多台機器時遭到無法分身處理的干擾、尋找物料、維持公差與規格要求的困擾或其他不規則之發生事件等。

每位操作人員在一天的工作中，均會受到很多干擾，其發生原因不外乎是由於人、機器或人與機器同時所引起的。例如檢驗人員指出應改正之缺點所造成之干擾，一人操作多台機器時，操作員完成其中一部機器之操作，才能操作它台機器，操作機器的台數越多，干擾的時間越長。

通常機器干擾時間與操作員的表現二者間的關連密切，若操作人員工作認真，努力降低服務時間，則機器干擾時間必可減少，影響機器干擾的因素有作業員操作機器的數目、機器所需服務時間的隨機程度、機器運轉時間、平均服務時間及機器服務時間與機器運轉時間的比率。因此正常的機器干擾時間加上生產一單位產出量所需的機器運轉時間，再加上操作人員的平均人工時間，即為週程時間(cycle time)。

 ### 6.3.2　可避免的遲延

可避免的遲延(avoidable delay)或稱故延，包括沒有理由的停頓、不是為了疲勞所做的休息及交際性的訪探其他操作人員等，通常可避免的遲延均不給予寬放。當然操作人員可以犧牲生產量的代價，來換取故延，但在建立標準時，均不給予這些工作中斷的寬放。

 ### 6.3.3　額外寬放

例如物料不合格，以致造成許多完成品的被退貨；自動搬運設備故障，使得機械操作員要以雙手搬運重的工件至機器上；要操作人員隨時留意盯著觀看的生產程序；在操作期間機器需進行大修，這類情況發生時，均需給予

額外寬放(extra allowance)，以達到公平的標準。所以額外寬放的訂定首須儘可能找出可能會發生的額外操作，建立這些額外操作的時間，使之成為原操作所需的時間內或使其轉成為額外寬放。若機器單元占整個週程的大部分時間時，則不給予額外寬放。

 ### 6.3.4　動力進給寬放

動力進給寬放主要考慮因素為停機與刀具的維修，在操作期間，若機器暫時停止，進行小修，則給予此寬放，以補償因小修引起的延誤；若為大修，則是給予額外寬放。所以遇到維修，無論是大修或小修，詢問現場主管，確實瞭解情況。另外須給予操作人員維護與保養刀具的時間，影響因素則為刀具數與研磨方式。

 ### 6.3.5　政策寬放

在特殊情況下，對特定程度績效表現的操作人員，政策寬放提供滿意水準所得。寬放適用的對象，通常由管理階層決定或與工會協商，可包括新進人員和不同能力程度的人員。

6.4　寬放實施要點

寬放並不是建立在可靠的數據上，即要以合理的理論為基礎建立寬放值是相當困難的，因此生產研究法（連續觀察法）發展標準寬放值時，所蒐集的資料仍必須加以調整，且樣本不可太少，才可真正反應出正常的情況，不致有誤。

利用工作抽查法訂定寬放百分比時，須特別注意下列事項：

(1)時間研究分析人員不可有預期的心理，僅就實際發生的情況記錄。

(2)以工作抽查法所得的寬放值，僅適用於同型設備的相似操作，不可任意轉換至不相似的操作。

(3) 觀測次數越多，觀測期間越長，最好持續進行至少兩星期以上，所得結果越為可靠。

6.5 寬放的應用

訂定寬放最主要用意為於求得正常操作時間後，再加上足夠的時間，使得平均操作員以正常速度工作，即能達到所訂的標準。

寬放可以用單一工作時間做為基礎，或是以整天工作時間（例如 8 小時工作天）做為衡量標準。若寬放是以單一工作時間為基礎，則標準時間的計算以下列公式（外乘法）求得：

$$ST = NT \times (1 + \text{寬放率})$$
$$\text{其中：ST} = \text{標準時間}$$
$$NT = \text{正常時間}$$

通常不同的工作，寬放也就不同，若寬放是以整天工作時間為基礎，則標準時間的計算以下列公式（內乘法）求得：

$$ST = NT / (1 - \text{寬放率})$$

此公式常用在相同或類似的工作。

範例 6.1

設執行某一操作單元，其正常時間為 3 分鐘，並假設個人私事寬放、一般疲勞寬放及不可避免的遲延寬放等的總寬放率為 15%，則分別以單一工作時間為基礎（外乘法）與以整天工作時間為基礎（內乘法）的標準時間計算如下：

解

以單一工作時間為基礎（外乘法）的標準時間為：

ST = 3 × （1 + 0.15）= 3.45 分鐘

即在一天的工作天中，此操作人員需工作 8 × 60 / (1 + 0.15) = 417 分鐘，而有

480 – 417 = 63 分鐘的寬放時間

若以整天工作時間（8 小時工作天）為基礎（內乘法），則標準時間計算如下：

ST = 3 / (1 – 0.15) = 3.53 分鐘

即在一天的工作天中，此操作人員需工作 8 × 60 /(1/(1 – 0.15)) = 408 分鐘，而有

480 – 408 = 72 分鐘的寬放時間

6.6 　總　結　

　　吾人所謂的寬放並不是將標準放寬，因其是考量必要因素所給與的，且每項給與均有一定的依據，並不是與工會討價還價的結果。寬放若太高，會增加製造成本；若太低，造成勞資關係不良，如此嚴重地會影響到企業經營。

　　無論採取連續觀察法或工作抽查法來訂定寬放值，其限制均是透過時間研究分析人員去研究能夠被觀測的工作，但對大多數管理性與創造性的工作，則無法研究，因其涉及心理與生理的層面。另外，受限於成本考量，一些非例行性工作或不是經常發生的工作，也無法研究，相對地寬放的訂定較困難。

一、選擇題

1. ( ) 下列何者為不可避免的遲延寬放： (A)喝水 (B)咳嗽 (C)上廁所 (D)疲勞 (E)刀具突然損壞。

2. ( ) 下列何者在制定標準時間時，不應列入寬放？ (A)領班交代工作任務 (B)作業員調整工作椅高度 (C)待料半天 (D)作業員流汗時擦汗 (E)工作中途喝水。

3. ( ) 依時間研究資料得知對某項裝配作業之一天觀測時間為 480 分鐘，其中有 50 分鐘為寬放，則依生產時間百分比所得之寬放率為： (A)0.0962 (B)0.1162 (C)0.1262 (D)0.1362 (E)以上皆非。

4. ( ) 下列哪一個不應列入寬放的範圍內： (A)可避免的延遲 (B)機器干擾 (C)機器之維護 (D)私事 (E)疲勞。

5. ( ) 考量工作環境內的照明、溫度、噪音等因素所訂定的寬放稱為： (A)私事寬放 (B)疲勞的寬放 (C)不可延遲的寬放 (D)可避免的延遲寬放 (E)機器干擾。

6. ( ) 下列何者為非遲延性寬放之類別： (A)外來干擾 (B)操作寬放 (C)機器干擾 (D)偶發寬放 (E)政策寬放。

7. ( ) 在一天連續觀測中，發現有 15% 之寬放，若知正常時間為 12 分鐘，則標準時間為： (A)14.12 分鐘 (B)15.5 分鐘 (C)12.5 分鐘 (D)10.2 分鐘 (E)以上皆非。

8. ( ) 停電、停水是屬於下列何種不可避免之遲延寬放？ (A)作業寬放 (B)管理寬放 (C)平衡寬放 (D)疲勞寬放 (E)私事寬放。

9. （ ） 某項銑床作業之正常操作時間為 5 分鐘，假設在一天 480 分鐘的工作期間內，機器保養時間占 22 分鐘，領班指示占 15 分鐘，私事寬放占 28 分鐘，則此銑床作業之標準時間為多少分鐘？(A)4.65　(B)5.50　(C)5.78　(D)5.98　(E)6.10。

10. （ ） 便利商店某收銀員平均服務時間為 4 分鐘，其評比係數為 115%，寬放率為 20%，則在顧客大排長龍下，此收銀員一小時可服務多少位顧客？　(A)10　(B)12　(C)13　(D)14　(E)9。

11. （ ） 在一天連續觀測中，發現有 15% 之寬放，若知正常時間為 10 分鐘，則標準時間為：　(A)11.76 分鐘　(B)12.5 分鐘　(C)8.5 分鐘 (D)6.5 分鐘　(E)以上皆非。

12. （ ） 若內乘法的寬放率為 20%，則外乘法的寬放率為：　(A)19% (B)21%　(C)23%　(D)25%　(E)27%。

13. （ ） 某單元之平均觀測時間為 12 秒／個，評比係數 90%，寬放率 15%（內乘法），則標準時間為：　(A)14.0 秒／個　(B)11.4 秒／個　(C)12.7 秒／個　(D)13.4 秒／個　(E)14.4 秒／個。

14. （ ） 某單元之平均觀測時間為 10 秒／個，評比係數 120%，寬放率 20%（內乘法），則標準時間為：　(A)14.4 秒／個　(B)12.4 秒／個　(C)15 秒／個　(D)15.4 秒／個　(E)13.4 秒／個。

15. （ ） 一項作業的寬放比例多寡與以下何者無關？　(A)工件的大小與重量　(B)作業員的體能狀況　(C)工作的特性　(D)工作環境狀況 (E)原物料的品質水準。

16. （ ） 機器干涉(machine interference)會發生在下列何種情況？　(A)多人一機　(B)一人多機　(C)一機一人　(D)純手工加工業　(E)以上皆非。

17. （ ） 訂立工作標準時間是依據：　(A)技術優良　(B)良好　(C)平均 (D)最差　(E)資深　作業員的績效而訂定的。

18. （　） 下列何者非為標準時間之用途：　(A)平衡生產線　(B)估計機器產能　(C)訂定獎工制度　(D)衡量工作績效　(E)估計零件數量。

19. （　） 工作時間之衡量，標準時間等於：　(A)正常時間＋放寬時間　(B)正常時間×評比係數　(C)觀測時間×（1＋寬放率）　(D)觀測時間×評比係數　(E)放寬時間×（1＋寬放率）。

20. （　） 下列各項，在時間研究中，何者應列為寬放？　(A)重新裝刀具　(B)作業員停下操作，調整座椅　(C)工作物退回重修　(D)待料 30分鐘　(E)以上皆非。

21. （　） 許多工廠上、下午之工作時間中斷，規定全體一律暫停工作之休息時間是屬於：　(A)私事寬放　(B)疲勞寬放　(C)遲延寬放　(D)不可避免的遲延　(E)政策寬放。

22. （　） 寬放中應考慮：　(A)操作之重複性　(B)機器干擾　(C)工作環境　(D)工作費力程度　(E)以上皆是。

23. （　） 下列何種方法可用來量測寬放(allowance)？　(A)方法時間衡量(MTM)　(B)標準數據(standard data)　(C)繪製人機程序圖(man-machine chart)　(D)工作抽查(work sampling)　(E)以上皆是。

24. （　） 依時間研究資料得知某項裝配作業之觀測時間為 6 分鐘，評比為0.9，依生產時間為基礎之外乘法寬放率為 15%，則此作業之標準時間為：　(A)6 分　(B)6.21 分　(C)6.31 分　(D)6.15 分　(E)6.42 分。

25. （　） 依時間研究資料得知某項裝配作業之正常操作時間為 5 分鐘，假設在一天 480 分鐘的工作時間內，機器保養時間占 20 分鐘，工作指示占 15 分鐘，私事寬放占 25 分鐘，則此裝配作業之標準時間為多少分鐘？　(A)5.51　(B)5.61　(C)5.71　(D)5.81　(E)5.91。

26. （　） 設觀測時間為 OT，正常時間為 NT，標準時間為 ST，以下何種情況不可能發生？　(A)OT ＞ ST　(B)NT=ST　(C)NT ＞ ST　(D)NT ＞ OT　(E)OT ＞ NT。

題組：（27-31）下列係針對車床操作之時間研究所得數據：

每一週程生產量為 8，每一週程的平均時間為 8.36 分，每一週程的人力操作時間為 4.62 分，平均快速轉換時間為 0.08 分，平均的切削時間為 3.66 分。評比係數為+15，機器寬放時間為 10%，人力寬放時間為 15%。

若有位操作員工作一日（8 小時）完成的工件為 380 件。

試回答下列問題：

27. （　） 每件產品之機器標準工時為： (A)0.514 分 (B)0.695 分 (C)0.795 分 (D)0.895 分 (E)0.995 分。

28. （　） 每件產品之人工標準工時為： (A)0.564 分 (B)0.664 分 (C)0.764 分 (D)0.864 分 (E)0.964 分。

29. （　） 每件產品之標準工時為： (A)1.159 分 (B)1.259 分 (C)1.278 分 (D)1.459 分 (E)1.559 分。

30. （　） 此操作員一日所獲得的標準工時為： (A)7.954 時 (B)8.094 時 (C)8.254 時 (D)8.354 時 (E)8.454 時。

31. （　） 此操作員之效率為： (A)99.9% (B)100.9% (C)101.2% (D)102.9% (E)103.9%。

32. （　） 將正常時間考量寬放因素予以調整後所得的時間稱為： (A)最終時間 (B)標準時間 (C)調整時間 (D)最佳時間 (E)量測時間。

題組：（33-37 題）請依下列資料作答

某工時人員研究某一作業操作員完成作業所需時間。經測時 10 次結果為（秒）：34、32、33、36、33、36、40、38、38、40。此工時人員對這 10 次的評比值分別為 1.30、1.40、1.30、1.20、1.31、1.25、1.13、1.16、1.21、1.10。又設此作業正常時間為 40 秒。

33. （　） 請問觀測時間為多少秒？ (A)360 (B)32 (C)34 (D)40 (E)36。

34. （　） 此工人的真正評比值約為多少？　(A)0.8　(B)0.9　(C)1.0　(D)1.1　(E)1.2。

35. （　） 若欲以開始及末段之操作時間估計疲勞係數，則疲勞係數約為多少？　(A)8%　(B)10%　(C)15%　(D)18%　(E)20%。

36. （　） 若只考量疲勞寬放，則此作業的標準時間約是多少？　(A)38 秒　(B)40 秒　(C)44 秒　(D)46 秒　(E)48 秒。

37. （　） 此工時人員的評比屬於：　(A)正常的　(B)嚴格的　(C)保守的　(D)寬容的　(E)偏激的。

38. （　） 下列何者是使用馬錶來量測標準工時之計算公式？[ST=Standard Time（標準工時），R=Performance Rating（評比），A=Allowance(%)（寬放），OT=Observed Time（觀測平均時間）]

    (A) $ST = OT + OT \times A + R/100$　　(B) $ST = \dfrac{OT}{R} \times 100 + A$

    (C) $ST = (OT \times R/100) \times (1 + A)$　　(D) $ST = OT + R/100 \times A$

    (E) $ST = OT \times (1 + A + R/100)$。

39. （　） 假設標準工時為每件 5.7 分鐘，若某工人一天工作 8 小時，其產出為 90 件，試問其生產效率(efficiency)為何？　(A) $\dfrac{90 \times 60}{8 \times 5.7}$　(B) $\dfrac{90 \times 8 \times 60}{5.7}$　(C) $\dfrac{90}{\dfrac{8 \times 60}{5.7}}$　(D)1+ $\dfrac{90}{\dfrac{8 \times 60}{5.7}}$　(E)以上皆非。

40. （　） 某一作業單元，共觀測 20 次，其資料如下：18, 18, 18, 19, 19, 19, 19, 20, 20, 20, 20, 20, 20, 21, 22, 22, 23, 24, 24, 27。若評比係數為 0.90，寬放係數為 20%，其標準時間為何？　(A)20.65　(B)22.30　(C)23.07　(D)23.7　(E)21.30。

41. （　） 在何種狀況下，標準時間可以不用重測？　(A)效率改變　(B)操作方法改變　(C)品質改變　(D)工具改變　(E)設備改變。

42. （　） 某項銑床作業之正常操作時間為 5 分鐘，假設在一天 480 分鐘的工作期間內，機器保養時間占 18 分鐘，領班指示占 12 分鐘，私事寬放占 25 分鐘，則此銑床作業之標準時間為多少分鐘？ (A)4.35　(B)5.57　(C)5.65　(D)5.93　(E)5.83。

43. （　） 文京便利商店某收銀員平均服務時間為 5 分鐘，其評比係數為 110%，寬放率為 20%，則在顧客大排長龍下，此收銀員一小時可服務多少位顧客？　(A)9　(B)11　(C)13　(D)15　(E)12。

44. （　） 有關「遲延寬放」之敘述，下列何者不正確？　(A)「政策寬放(policy allowance)」可適用於每位員工　(B)工人更換工具或設備等，應列入「遲延寬放」中　(C)填寫工作表單造成之遲延，應列入「遲延寬放」中　(D)可避免之遲延，不應列入「遲延寬放」中。

45. （　） 有關「遲延寬放」之敘述，下列何者為非？　(A)工人更換工具或設備等，應列入「遲延寬放」中　(B)填寫工作表單造成之遲延，應列入「遲延寬放」中　(C)可避免之遲延，不應列入「遲延寬放」中　(D)「政策寬放(policy allowance)」可適用於每位員工。

46. （　） 新文京公司上、下午工作時間中斷，規定全體一律暫停工作之休息時間是屬於下列何者？　(A)私事寬放　(B)疲勞寬放　(C)遲延寬放　(D)政策寬放。

47. （　） 下列何者為「可避免的遲延」？　(A)喝水　(B)疲勞休息　(C)等待搬運　(D)上廁所。

48. （　） 某一項連續工作的起始操作需時 1.480 分鐘，同時該項連續工作的結束操作耗時 1.542 分鐘，試問應當給予此一工作多少疲勞寬放？　(A)4.02%　(B)5.52%　(C)6.54%　(D)8.48%。

49. （　） 下列哪一項不屬於變動疲勞寬放的原因？　(A)喝水、上廁所　(B)噪音程度　(C)工作單調或冗長　(D)溫度或濕度。

50.(　) 以下何者不是變動疲勞寬放考慮項目？　(A)精密程度　(B)照明水準　(C)冗長煩悶　(D)檢驗時間。

51.(　) 當工作環境的溫度與皮膚溫度一樣時，身體將無法散熱造成脫水現象，為避免上述情況發生下列作法何者不適宜？　(A)飲用微溫的開水　(B)穿著防輻熱的衣服　(C)強制安排固定時間的工作與休息　(D)訓練人員熱窒息的急救處理。

52.(　) 時間研究分析師在建立時間標準時，必須作適當的調整，以補償不可避免的延遲與其他合理的時間損失，這些調整稱為「寬放」。下列對於寬放的描述何者為非？　(A)提供私事與一般疲勞最少 9 至 10%的寬放　(B)利用寬放補償工作時發生的疲勞與延遲　(C)將寬放時間以正常操作時間的百分比值加入正常操作時間當中　(D)隨機觀測樣本，人員只需記錄某一天操作人員處於進行或是閒置的情形即可，即可代表樣本寬放率。

二、問答題

1. 寬放所涵蓋的主要領域有哪些？

2. 訂定寬放標準有哪兩個方法？試說明之。

3. 試列舉幾個私事寬放？

4. 影響疲勞的因素有哪些？

5. 何時需給予額外寬放？

6. 為何許多 MTM 的擁護者認為使用 MTM 基本動作數據，就不須再給予疲勞寬放？

7. 為何疲勞寬放只適用於工作週程中的人工單元？

8. 讓操作人員潤滑及清理他們自己所使用的機器，有何優點？

9. 寬放要依生產時間的百分比給予，理由為何？

10. 水平銑床之時間研究資料為：每週程的平均人力時間 5.38 分，平均切削時間 2.54 分，評比係數 116%，機器寬放率 10%，人力寬放率 15%，請問此操作之標準時間為_____ 分／件？

工作抽查

Work Study:
Methods, Standards and Design

7.1　工作抽查的意義、優點與用途

　　工作抽查為應用統計學上的抽樣理論來研究工作過程中，人員與機器設備之活動情形，在隨機的(random)時間間隔觀測對象之作業，以統計方法預估其活動內容的時間構成比例。首先應用工作抽查技術者是英國人(L. H. C. Tippette)將之應用於紡織工業，其以瞬間的觀察，判定紡織機是否正常運轉。於 1940 年時將此法引進美國，並改稱比率－遲延研究(ratio-delay study)，用在調查非生產時間。由於成果卓著，遂受到廣泛採用。1952 年時 C. L. Brisley 撰文建議將此方法改稱為工作抽查，於是此名稱一直延用迄今。

　　工作抽查是一個瞭解事實最有效的工具之一，所得到的結果可用於訂定各操作的適當寬放，估算人員與機器在不同活動中所花費時間之比例，進而建立生產的標準時間。

　　相較於傳統的工作研究，採用工作抽查來獲取活動時間的數據有下列數項優、缺點：

　優點：
(1) 分析人員不需要長時間持續的觀察活動。
(2) 由於只做瞬間的觀測，故操作人員無法以改善工作方法來影響結果。
(3) 分析人員所花費的時間與成本較少。
(4) 作業員不需被長時間的連續觀測。
(5) 一位分析人員可同時進行多項工作抽查研究。
(6) 不需要計時裝置。

　缺點：
(1) 在許多情況下，工作抽查記錄並沒有作業人員使用工作方法之記錄。
(2) 當作業人員發現被觀測時，可能故意改變工作型態而使工作結果失真。
(3) 工作抽查不適於短期而重複性之工作。
(4) 工作單元不詳細。

　通常工作抽查的主要用途有下列三種：
(1) 遲延比例研究：人員不可避免的遲延與機器閒置時間的比例，即決定人員或機器設備的活動－時間比例。
(2) 績效測量：建立操作人員的績效指標。
(3) 時間標準：建立工作的標準工時，尤其適用於文書行政性質的作業。

7.2　工作抽查的基礎

影響工作抽查所得數據準確性的主要因素為觀測次數、觀測期間的長短及所需統計信賴水準，通常只要觀測次數越多且觀測期間越長，數據的準確性必然會越高。工作抽查的理論基礎乃是基於機率論，由一個母體中隨機抽取一些樣本，當此一樣本越大時，樣本所呈現的特性與原母體特性的差異會慢慢減小，故由樣本的分析即可推知母體。

工作抽查所觀測的結果呈二項分配，設 A 為觀測某作業項目所發生事件，事件 A 發生的機率為 p，不發生的機率為 $q = 1 - p$，在 n 次獨立觀測次數中發生 A 的次數為 x，則 x 的值為 $0, 1, 2, \cdots,\ n$，其機率如下所示：

$$P(x = 0) = \binom{n}{0} p^0 q^{n-0} = q^n$$

$$P(x = 1) = \binom{n}{1} p^1 q^{n-1} = npq^{n-1}$$

$$\vdots$$

$$P(x = i) = \binom{n}{i} p^i q^{n-i} = \frac{n!}{i!(n-i)!} p^i q^{n-i}$$

$$\vdots$$

$$P(x = n) = \binom{n}{n} p^n q^{n-n} = p^n$$

二項分配的平均數與變異數分別為如下所示：

平均數：p

變異數：$p(1-p)/n$

二項分配的觀測次數 n 越大，百分比例 p 越接近 0.5，則二項分配為近似於常態分配，常態分配與二項分配的對應如下：

母體平均數：$\mu = p$

母體標準差：$\sigma = \sqrt{p(1-p)/n}$

平均數的信賴界限：$\mu \pm z\sigma = p \pm z\sqrt{p(1-p)/n}$

由於發生所關心事件的母體比例 p 不易獲得，在工作抽查時，我們乃取樣本數為 n 的樣本比例 $\hat{p}$ 來估計母體比例 p。

工作抽查的估計值會有某些程度的差異，故工作抽查應將估計時間與實際時間的差異縮小至一定範圍。例如機械工廠的領班要求車床操作員調整機器所需時間的比例要在 98%信賴水準、5%以內的誤差，因此工作抽查目的在算出 $\hat{p}$ 值，而在允許誤差 e 之內，以之估計母體實際的 p 值，即 $\hat{p} \pm e$。對大樣本來說，p 樣本估計值所產生的變異性趨近於常態分配，最大可能誤差是樣本大小與期望信賴水準的函數。

對大樣本而言，可由下式計算（絕對）誤差 e

$$e = z\sqrt{\frac{\hat{p}(1-\hat{p})}{n}} \tag{7-1}$$

其中，$z =$ 達到期望信賴水準所需的標準誤差數。

$\hat{p} =$ 樣本比例（預先觀察事項發生之機率）。

$n =$ 樣本大小。

又令 S 為相對誤差，則可由下式計算相對誤差

$$S = \frac{e}{\hat{p}} = \frac{1}{\hat{p}} Z\sqrt{\hat{p}(1-\hat{p})/n} = Z\sqrt{(1-\hat{p})/(n\hat{p})} \tag{7-2}$$

通常管理階層會制定期望信賴水準與允許的誤差，分析人員則需決定能達成此結果的樣本大小，即由公式 7-1 以絕對誤差法求解觀測次數 n，其計算如下：

$$n = \left(\frac{z}{e}\right)^2 \hat{p}\left(1-\hat{p}\right) \qquad \text{絕對誤差法} \tag{7-3}$$

公式 7-3 為以絕對誤差法求得之樣本數，若以相對誤差法求解則為公式
7-4。

$$n = \left(\frac{z}{e}\right)^2 \times \frac{1 - \hat{p}}{\hat{p}} \qquad \text{相對誤差法} \qquad (7-4)$$

範例 7.1

某公司擬使用工作抽查法研析該公司打字間 10 位打字員的空閒率，若要
求之信賴水準為 95%，誤差為 5%，試問應觀測幾次？

由於 p 為未知，因此需先試行觀測，若先觀測得 1000 人次之資料，其中統計
得空閒 250 人次，即空閒率 $\hat{p}$ =250/1000=25%，又信賴水準 95%下之標準差係數為
1.96，代入公式 7-3 得觀測次數：

$$n = \left(\frac{z}{e}\right)^2 \hat{p}\left(1 - \hat{p}\right) = (\frac{1.96}{0.05})^2 (0.25)(0.75) = 288$$

若以公式 7-4 相對誤差法求解則為：

$$n = \left(\frac{1.96}{0.05}\right)^2 \times \frac{1 - 0.25}{0.25} = 4610$$

7.3 工作抽查的說明

　　在進行工作抽查前，分析人員應向相關人員說明工作抽查的方式及其可
靠度，介紹機率的基本法則，為何此方法為可行。由於工作抽查進行時是完
全不能添加任何個人意見且不使用馬錶，而是以可接受之數學與統計方法為
基礎，因此清楚地解釋說明詳細程序，才會使操作人員能接受此方法，有助
於工作抽查的進行。

7.4　工作抽查實施程序

1. 擬定工作抽查實施計畫

確定研究範圍與定義出此研究之主要目的，通知人員與現場主管，以避免產生懷疑，對欲獲得的事項應予以事先評估，評估完成後訂定結果所欲達到的精確性。

2. 決定觀測次數

根據所需之信賴水準決定觀測的次數，當然觀測次數越多，所得之結果越為準確。

例如某公司主管欲研究瞭解該公司祕書的空閒率，其自己試行觀測發現在 1000 人次中有 250 人次空閒，若信賴水準為 95%，誤差在 ±5% 區間內，觀測次數應為多少？利用公式(7-3)

$$n = \left(\frac{z}{e}\right)^2 \hat{p}\left(1 - \hat{p}\right) = (\frac{1.96}{0.05})^2(0.25)(0.75) = 288$$

若分析人員沒有足夠的時間去觀測 288 次，而僅觀測 220 次，則在相同的信賴水準下其誤差為

$$e = z\sqrt{\frac{\hat{p}(1 - \hat{p})}{n}} = 1.96\sqrt{\frac{(0.25)(0.75)}{220}} = 5.7\%$$

由上列計算結果知誤差會提高 0.7%。

3. 決定觀測頻率

觀測頻率是依據所需觀測次數及可利用的時間，例如研究需於 10 個工作天內完成 1000 次觀測，則每個工作天的觀測次數為 100 次。當然對於觀測次數的執行尚需考慮分析人員的多寡與研究工作的工作性質，若只有一位分析人員，要求其在每個工作天內取得 100 次的觀測數據，吾人均知這是極難達成。

一旦決定每日觀測次數後，分析人員尚需決定各個觀測時刻，如此資料的取得才具代表性。觀測的時間點應涵蓋在一工作天內所有時刻，觀測

的時間係採隨機的方式，通常每日的觀測時刻是沒有辦法透過固定的模式去預知的。

訂定每日的觀測時刻，方法之一是分析人員可利用亂數表來訂出觀測的時間點，例如分析人員必須連續 10 天由 10 位打字人員取得 100 個數據，因此分析人員每天必須至工作現場 10 次。由亂數表中每日隨機取 10 個由三位數構成之數字，其中第二與第三個數字對應一小時內的分鐘（亦可由兩位數構成之數字（範圍由 1～48）。選取的數字乘上 10，所得數字表示每天工作開始後所經過時間（分鐘），此即為每天工作開始至進行觀測的時間。假設選取的數字為 15，表示於當日工作開始後的第 150 分鐘時分析人員應至工作現場進行觀測。若每天是於上午 8 點開始工作，分析人員應於 10 點 30 分時至工作現場，觀測 10 位打字人員的工作情況，並將觀測時間、工作情況記錄於工作抽查表中（觀測時刻如下表）。

為能顧及所有作業中的正常變動，工作抽查的研究期間必須夠長，研究期間越長，所得數據越能反應出平均情況，通常建議工作抽查的研究期間為二～四星期。

抽查次數	亂數	亂數*10	排序	轉換分時	自 08:00 起觀測時刻
1	15	150	20	00:20	08:20
2	2	20	40	00:40	08:40
3	13	130	50	00:50	08:50
4	22	220	60	01:00	09:00
5	12	120	80	01:20	09:20
6	6	60	120	02:00	10:00
7	4	40	130	02:10	10:10
8	36	360	150	02:30	10:30
9	8	80	220	03:40	11:40
10	5	50	360	06:00	14:00

4. 設計工作抽查表

分析人員需設計觀測表格，用於記錄工作抽查時收集之數據，觀測表格的設計並非一定要統一標準，這是因每項工作抽查的觀測項目、觀測次數不一，且隨機觀測的時間亦不一樣，因此表格的設計為依據需要設計

之。表 7.1 所示為調查員工與機器生產力的工作抽查表格，表 7.2 為瞭解醫院中護理人員工作情形的工作抽查表格。

表 7.1　工作抽查表格

部門：＿＿＿＿＿＿＿　　　　　日期：＿＿＿＿＿　觀測員：＿＿＿＿＿

工作分類		生產性事項					非生產性事項			
工作內容										
NO.	姓名（機號）									
1										
2										
3										
4										
5										
6										
7										
8										
9										
10										
11										
12										
13										
14										
15										
16										
17										
18										
19										
20										
觀測開始時間	時　　分	總觀測次數			備註					
觀測終了時間	時　　分									

表 7.2　工作抽查表格

觀測次數	隨機時間	護理性事項								非護理性事項						
		量體溫	量血壓	注射	換點滴	換藥	診療記錄	交班說明	等器材	詢問	私事	洗手	商議	搬運	閒置
1															
2															
3															
4															
5															
6															
7															
8															
9															
10															
11															
總觀測次數															
護理性事項百分比															
非護理性事項百分比															

觀測部門　　　　觀測員　　　　日期

5. 使用管制圖

統計品質管制工作使用的管制圖，亦可應用於工作抽查。由於工作抽查所處理的，均是事項的發生率或百分比，因此以使用 p 管制圖居多。

在品質管制工作中，管制圖用以協助判定是否所有的操作處於管制狀態內。同樣地，應用於工作抽查時，繪出之點超出 3 個標準差的管制界限時，其為不在管制狀態下，即表示有異常原因發生才會使樣本來自的母體產生變化，或樣本是抽自其他母體。若繪出之點是落於 3 個標準差界限內，除非有特殊情況，一般而言，由點顯示樣本是由期望母體抽取的。

落在管制界限外之點，必須探究其原因，是機遇原因或為可歸咎原因，若為可歸咎原因時應尋求對策設法予以排除。例如下表所列為對某文書作業連續 10 日之工作抽查結果：

表 7.3 工作抽查結果

觀測日期	觀測次數	工人空閒次數	p （%）
5/7	100	11	11
5/8	100	9	9
5/9	100	22	22
5/10	100	15	15
⋮	⋮	⋮	⋮
5/18	100	6	6
合計	1000	100	

p 的管制界限為 $p \pm 3\sqrt{p(1-p)/n}$

總觀測次數為 1000 次，空閒次數為 100 次，故 $p = 100/1000 = 0.10$ 每日觀測次數為 100 次，因此 p 的管制界限為：

$0.10 \pm 3\sqrt{0.10 \times 0.90/100} = 0.10 \pm 3\sqrt{0.0009} = 0.19$ 或 0.01，在繪製管制圖時 5 月 9 日之點會超出管制上限，應探究原因為何。

6. 觀測與記錄資料

分析人員前往工作現場進行工作抽查時，不可有預期心理與預設立場，期望某事項發生（工作人員正在工作或為閒置狀態）。觀測時，分析

人員應站在與被觀測者或設備有適當距離之位置，確定之後再進行觀測並記錄事實。若遇到設備、作業人員為閒置狀態時，應詢問現場主管，以確定原因。俟確定無誤後，將之記錄於工作抽查表中。若欲降低作業人員有被觀測的感覺，分析人員可將觀測的事實先記於腦海中，等到離開現場後在立即予以記錄。

為獲得有效的觀測，具體可行的方法是分析人員要事前告知作業人員工作抽查目的，說明不使用馬錶原因是為降低作業人員的緊張，確保作業人員是以正常的方式進行工作。

7. 決定機器設備使用率／人員真正工作時間

以工作抽查來決定機器設備使用率、人員真正工作時間，和以工作抽查訂定寬放極為相似。例如分析人員欲瞭解醫院中護理人員的工作情形，在工作抽查的表格中列出護理的所有活動，並將其歸類為護理活動與非護理活動。因此當分析人員在研究期間觀察一名護士，根據所觀測結果記錄於工作抽查表。若觀察護理人員正執行是屬於護理的工作，便在護理活動的相關欄位上註記；若觀察發現是執行屬於非護理活動的工作，便在非護理活動的相關欄位註記。當所有觀測於研究期間內依每日觀測數隨機觀測取得後，累計總觀測數、護理活動總數與非護理活動總數，護理活動總數與總觀測數之比即為護理人員真正工作時間。真正工作時間的比率低時，即非護理活動的時間過多，應進一步探究原因，尋求改善。

表 7.4 員工機器操作率分析

分類	操作	空閒	合計	操作率(%)
員工 1	28	22	50	56
員工 2	23	27	50	46
員工 3	34	16	50	68
機器 1	33	17	50	66
機器 2	26	24	50	52
機器 3	38	12	50	76

8. 訂定寬放時間

　　為能訂出合理公平的時間標準，寬放時間的決定要正確，分析人員依據工作抽查結果，將與正常操作無關的觀測次數除以總觀測次數，即能得寬放率。私事及不可避免之遲延的各個項目可予以分類，然後再訂出各項目的寬放。

7.5　訂定標準時間

　　工作抽查可用於訂出時間標準，即時間研究分析人員根據觀測資料，將實際進行操作的觀測次數除以總觀測次數，得到機器設備或人員真正從事操作的時間比例。以此時間乘上時間研究分析人員於觀測時記錄每位被觀測人員的績效率（評比）得正常時間，最後將正常時間加上寬放時間，即可獲得標準時間，如下範例所示。

項目	資料來源	每日之數據
總工作時間	打卡鐘	480 分
總產量	品檢部門	420 個
工作時間比例	工作抽查	85%
閒置時間比例	工作抽查	15%
平均評比	工作抽查	110%
寬放率	IE 部門	15%

$$真正操作時間 ＝總工時／總產量×工作時間比例$$
$$=480/420×0.85=0.971 分$$
$$正常時間 ＝真正操作時間×評比／100$$
$$=0.971×110/100=1.069 分$$
$$標準時間 ＝正常時間×（1＋寬放率）$$
$$=1.069×(1+0.15)=1.229 分$$

7.6 　　**電腦化工作抽查**

　　由於進行工作抽查亦包含許多文書處理工作，這些文書工作包括：工作抽查資料的彙整、各事項的百分比及精確度之計算、管制圖的建立、所需總觀測次數與每日觀測的決定、每日至工作現場觀測的隨機時間決定等，這些文書工作透過電腦處理，計算觀測次數，產生觀測時間，可將重複計算的過程自動化，以致迅速計算每日觀測結果，自動建立修改管制圖。

　　使用電腦協助工作抽查的利益為：

1. 降低文書處理工作，使分析人員有較多時間從事其他建設性事項。

2. 迅速獲得結果。

3. 降低工作抽查費用。

4. 計算的準確性可獲得改善。

5. 降低分析人員犯錯的機會。

7.7 　　**總　結**

　　工作抽查能幫助企業組織訂定出不可避免的遲延與工作中斷等的寬放時間，以及根據干擾情況，找出改善方法，提升生產力。所以要充分瞭解工作抽查的優點、限制和用途，謹慎清楚定義問題，可避免錯誤的發生。同樣地，須先將研究目的與範圍告知作業人員，以減少不必要的恐懼。

　　觀測值若集中在特定的時段，則得到的值無法反應真實情況，故為能得到真正變異性的指標，觀測值須遍布於整個時間週期且採隨機觀測。分析人員可依據研究活動的不同性質，決定觀測次數的分散程度。

一、選擇題

1. （ 　 ） 文京公司一位熟練工人在 8 小時工作期間平均產量為 400 件，依工作抽查結果知空閒率為 15%，平均評比為 110%，在總寬放率為 20% 時，試求每天之標準產量為多少件？ 　 (A)480 　 (B)425 　 (C)385 　 (D)356 　 (E)400 件。

2. （ 　 ） 在一工作抽查後得如下資料，總使用時間 480 分，總生產量 250 件，工作比率 90%，平均績效指標 110%，寬放率 20%（內乘法），則產品標準時間為： 　 (A)1.78 分／個 　 (B)2.38 分／個 　 (C)3.38 分／個 　 (D)4.38 分／個 　 (E)5.38 分／個。

3. （ 　 ） 在工作抽查中，假設某一被測工作約占工作時間的 30%，觀測結果的可靠性希望維持在 95% 左右，所容許的誤差為 ±2%，則所需的樣本數最少應為若干？ 　 (A)2017 　 (B)1024 　 (C)1568 　 (D)3045 　 (E)2800。

4. （ 　 ） 承上題，若該被測工作占總工作時間的比例未知，則在保守的原則下。所需樣本數最少應為若干？ 　 (A)2690 　 (B)2401 　 (C)1220 　 (D)1780 　 (E)2000。

5. （ 　 ） 工作抽查法之觀測樣本大小的決定，係根據： 　 (A)指數分配 　 (B)負指數分配 　 (C)Beta 分配 　 (D)常態分配 　 (E)二項分配。

6. （ 　 ） 某工作抽查人員，觀測機器之運轉情形，結果在 5,000 次的觀測中，機器空閒為 1,800 次，在信賴水準(confidence level)為 95.45% 的情形下，其需求精度(desired relative accuracy)值為： 　 (A)2.8% 　 (B)3.8% 　 (C)4.5% 　 (D)5.0% 　 (E)8.0%。

7. （　）若依據過去的經驗及計算出之標準工作時間，人員操作率為
85%，問若此時要求絕對誤差 0.03，在信賴水準(confidence
level)為 95% 的情形下，則要抽查幾次？　(A)3250　(B)2200
(C)1700　(D)544　(E)240 次。

8. （　）若某工廠實行空閒率的工作抽查，試行 100 次觀測，發現空閒的次
數為 25 次。如果信賴限度為 95%，精確程度為±5%，則其觀測次
數為：　(A)3000　(B)4800　(C)6000　(D)5500　(E)7200 次。

9. （　）工作抽查法(work sampling)較適合用來直接量測下列何者資訊？
(A)機器使用率(machine utilization)　(B)人工插件作業生產線員工
標準工時　(C)人機配置　(D)動作經濟原則　(E)以上皆非。

10. （　）某加工廠決定用工作抽查法來量測標準工時(ST)，其所得資訊如
下：T=工作抽查法抽樣週期所經時間長度，N=在此抽樣週期中所
做瞬間觀察(snap observations)樣本總數，n=在此抽樣週期中發現
工人在加工次數，P=在此抽樣週期中所生產工件總數，R=工人平
均評比，A=寬放率，試問其標準工時 ST=？　(A)$\dfrac{T \times P \times n/N}{R}(1+A)$

(B)$\dfrac{T \times R}{n/N \times P}(1+A)$　(C)$\dfrac{T \times R \times n/N}{P \times (1+A)}$

(D)$\dfrac{T \times R \times n/N}{P}(1+A)$　(E)$\dfrac{T \times A \times n/N}{R \times P}$。

11. （　）通常在實施工作抽查之前，必須先做預備觀測，以決定觀測事件發
生的百分率 P，若 P 未知，則 P 值為多少時，其對應的觀測次數 N
有極大值存在？　(A)1　(B)0.5　(C)0.95　(D)0.25　(E)0.05。

12. （　）為了解某行政人員之空閒比率，設計一項工作抽查計劃。計畫設
定信賴水準為 95%，需求精度 10%。在預備抽查中顯示空閒比率
為 25%，則大約應作多少次觀測？　(A)960　(B)1060　(C)1160
(D)1260　(E)1360。

13. （　）已知對紡織廠中的作業員進行工作抽查，共 4800 分鐘。其中工作時間合計 3360 分鐘，沒工作時間合計 1440 分鐘，若欲獲得 95.45%的信賴界限，5%的相對誤差，需要多少樣本數？求近似值） (A)2130　(B)2730　(C)3730　(D)4730　(E)5130。

14. （　）工作抽查的概念是基於其所抽查的時間應呈現統計上的何種分配？ (A)負二項分配　(B)超幾何分配　(C)卜松分配　(D)指數分配　(E)常態分配。

15. （　）下列何者不是工作抽查法的優點？ (A)分析人員不須進行長時間的連續觀測　(B)無須任何估計時間的方法　(C)適於短期而重複性高的工作　(D)操作員不必接受長時間的連續觀測　(E)以上皆非。

16. （　）在進行時間研究時，工作抽查與馬錶測時相較之下，其優點為何？ (A)觀測對象只有一個　(B)成本較低　(C)作業可以細分　(D)可以了解作業者的個別差異　(E)較適合週程短與重複性高的作業。

17. （　）下列哪一個時間研究技術較適於維修、辦公室作業？ (A)MTM　(B)密集抽樣法　(C)工作因素法　(D)工作抽查法　(E)馬錶時間研究。

18. （　）在進行時間研究時，對於重複性作業、週程長之作業或辦公室作業，適合使用： (A)馬錶測時　(B)動作分析　(C)預定時間標準系統　(D)工作抽查　(E)標準在訂立數據。

19. （　）文京公司想要對某作業進行工作抽查來訂立標準時間，工作抽查時有下列相關步驟：(a)決定觀測次數；(b)調查項目分類與決定各單元；(c)確定抽查的目的與目標；(d)決定信賴水準與精確度；(e)設計工作抽查的表格。請你替文京選出它們之間適當的次序。 (A)ecabd　(B)ebcad　(C)bcdae　(D)cbdae　(E)caedb。

20. （　）為掌握某機器的作業狀態而實施工作抽查，機器的作業率預估 80%，設以可靠度 95.45%，絕對誤差 5%，請計算理論觀測次數： (A)256　(B)266　(C)276　(D)286　(E)296。

21. (　) 為掌握某機器的遲延狀態而實施工作抽查，若機器的遲延率介於 3%至 5%的機率為 95.45%，絕對誤差 1%，請計算理論觀測次數： (A)1336 (B)1436 (C)1536 (D)1636 (E)1736。

22. (　) 工作抽樣較適合用來訂定下列何者的時間標準？ (A)工作週期短但重複性高的操作 (B)工作週期較長但發生次數極少的操作 (C)單獨一人的操作 (D)細微動作的操作 (E)危險動作的操作。

23. (　) 適於密集抽樣時間研究的工作階次為何？ (A)工作單元 (B)製程 (C)產品 (D)細微動作 (E)以上皆非。

24. (　) 決定工作抽查次數時，如可靠界限與需求精度不變，則發生率（小於 0.5 時）與抽查次數間關係為： (A)抽查次數不受發生率大小之影響 (B)發生率大時，抽查次數可減少 (C)發生率大時，抽查次數應增加 (D)發生率與抽查次數的平方成正比 (E)以上皆非。

25. (　) 下列哪一個特質是工作抽查法的缺點？ (A)觀測員需受相當訓練 (B)成本相當高 (C)需應用統計概念，員工不易瞭解 (D)不適於第三、第四階次工作 (E)以上皆非。

26. (　) 實施工作抽查時，若要求的精確度越高，則觀測次數： (A)越少 (B)越多 (C)不變 (D)有時越多，有時越少 (E)依觀測人員經驗。

27. (　) 下列有關工作抽查的敘述，何者不正確？ (A)工作抽查不需要馬錶或任何計時工具 (B)工作抽查若任何時間被干擾中斷，其結果將受影響 (C)一般而言，工作抽查無法提供各別差異之資訊 (D)一般而言，工作抽查之成本比馬錶測時法低 (E)以上皆非。

28. (　) 下列哪個因素，不會影響工作抽查的正確性？ (A)沒有隨機抽樣 (B)沒有到指定的地點觀測 (C)沒有做到瞬間觀測 (D)沒有在一天內將抽查工作完成 (E)以上皆非。

29. （　）下列哪一項技術最不適合用來設定裝配作業的標準時間？　(A)馬錶測時法　(B)標準資料法　(C)預定動作時間法　(D)工作抽查法 (E)以上皆非。

30. （　）在一段較長時間內，以隨機的方式進行多次的觀測，求得各作業所占時間比率的技術，這種方法稱之為：　(A)工作抽查法　(B)直接測量法　(C)預定標準時間法　(D)標準資料法　(E)動作經濟原則法。

31. （　）最適合於估算作業員在各項作業所花費時間比率的技術為何？ (A)馬錶測時法　(B)標準資料法　(C)工作抽查法　(D)微動作分析 (E)工作因素法。

32. （　）在工作抽查時，觀測值是經由下列哪一方式取得？　(A)每間隔一固定時間一次　(B)每半小時一次　(C)隨機間隔　(D)每一小時一次 (E)每天一次。

33. （　）下列何者不是工作抽查法的優點？　(A)工作抽查可適用在訂定機器使用率、寬放及標準時間　(B)一位分析人員可同時觀測多人操作　(C)適於短期而重覆性高的工作　(D)操作員不必接受長時間的連續觀測。

34. （　）調查機器空閒率時，做100次的預備觀測結果有20次為停機狀態，試計算在±5%精度和95%可靠界限下（查表得$Z_{0.025}$值為1.96；$Z_{0.05}$值為1.64）所需要的觀測次數。　(A)6,147次 (B)4,303次　(C)269次　(D)164次。

35. （　）有關工作抽查，下列敘述何時為非？　(A)適用於訂定時間標準 (B)相較於時間研究，需耗費更多的時間與成本才能完成　(C)適用於決定寬放　(D)適用於決定機器與人工的利用率。

36. （　）在一段較長的期間內，用隨機的方式進行多次的觀測，求得作業所占時間的比率的技術，此方法稱為？　(A)工作抽查法　(B)間接測量法　(C)標準時間法　(D)標準資料法。

37. (　) 若某工廠實行空閒率的工作抽查，試行 100 次觀測，發現空閒的次數為 25 次。如果信賴限度為 95%，精確程度為±5%，則其觀測次數為（取近似值）？　(A)3,000　(B)6,000　(C)4,800 (D)5,500。

38. (　) 工作抽查是一個瞭解事實最有效的工作之一，關於工作抽查之敘述何者為非？　(A)分析人員需要消耗長時間持續的觀察活動　(B)由於只做瞬間的觀測，操作人員無法以改善工作方法來影響結果 (C)一位分析人員可同時進行多項工作抽查研究　(D)可以建立工作的標準工時，尤其適用於文書行政性質的作業。

39. (　) 分析師用隨機方式對特定活動進行多次觀測，以求取該活動之觀測次數與總觀測次數之比例，此技術為下列何者？　(A)工作抽查法　(B)動作研究法　(C)預定時間系統　(D)標準資料法。

40. (　) 新文京公司採用工作抽查法，以需求精度 A=5%實施工作抽查時，首先測得 200 次之預備觀測資料以調查機台空閒百分率 p，結果得知有 50 次停止，試問觀測次數為何？　(A) 6,600 次　(B) 5,800 次　(C) 4,800 次　(D) 3,600 次。

41. (　) 工作衡量的方法，可以分成直接法與間接法兩大類。直接法係指直接觀測生產活動的時間經過之方法，下列何者屬於直接法？ (A)向度動作時間法(Dimensional Motion Times)　(B)工作抽查 (Work Sampling)　(C)預定時間標準(Predetermined Time Standard)　(D)標準資料法(Standard data method)。

42. (　) 以下敘述與工作抽查有關，何者為非？　(A)一般正常精確度目標設為 5%；因成本考量可改設為 10%　(B)以機率的法則為基礎 (C)一般而言總觀察時間較碼錶時間研究長　(D)使用隨機提醒器，不定時觀察。

43. (　) 新文京工廠抽查人員用直接測時法連續測定某一員工工作時間，數據顯示在 60 分鐘該工人有 18 分鐘之空閒時間，請計算其空閒比率為多少？　(A) 15%　(B) 30%　(C) 33%　(D) 42%。

44.（　　） 承述上題，請問該工人之工作比率為何？　(A) 85%　(B) 75%　(C) 70%　(D) 65%。

45.（　　） 新文京工廠管理部門進行員工連續觀測發現表1.數據，請問經過一天的工作抽查，該名員工空閒時間為多少分鐘？　(A) 110分鐘　(B) 72分鐘　(C) 63分鐘　(D) 55分鐘。

表 1. 連續觀測值表

資料	來源	數據
總使用時間	時間卡	480 分鐘
總生產數量	檢驗部門	420 件
工作比率	工作抽查	85%
空閒比率	工作抽查	15%
平均績效指標	工作抽查	110%
寬放率	連續觀測	15%

46.（　　） 呈上題，請問每件之標準工時為多少？　(A) 3.5 分鐘　(B) 2.8 分鐘　(C) 1.26 分鐘　(D) 0.26 分鐘。

47.（　　） 調查私事寬放時，做 100 次的預備觀測結果有 4 次作業員在上洗手間或喝水，試計算在 ±1% 精度和 99% 可靠界限下（查表得 $Z_{0.01}$ 值為 2.33; $Z_{0.005}$ 值為 2.58）所需要的觀測次數。　(A) 6147 次　(B) 2557 次　(C) 2085 次　(D) 1643 次。

二、問答題

1. 工作抽查技術有哪些優點？

2. 說明工作抽查的應用範圍？

3. 如何決定每日的觀察時刻，使得所得之結果不致有偏差？

4. 如何進行工作抽查？

5. 獲取工作抽查數據的期間應橫跨多久？

6. 用工作抽查分析機器之故障率，根據事先之調查故障率約為 p=0.06，σ p=0.01，求觀測次數 n=＿＿＿＿＿次。

7. 工作抽查法可運用於工作改善與標準時間設定，請說明工作抽查的實施步驟？

8. 為掌握 12 部機器的作業狀況，實施 12 天的工作抽查，機器作業率為 65%，以可靠界限 95%絕對誤差+2%計算每天每部機器需觀測幾次？

9. 工作抽查要在 20 工作天內完成 3200 次觀測，則每工作天要觀測＿＿＿＿＿次，如要觀測之對象是 16 部完全獨立之車床，則每天要以隨機之方式去觀測＿＿＿＿＿次。如利用亂數表，每日隨機取 10 個數字，範圍從 1 至 48，再將此數字乘上＿＿＿＿＿，例如從亂數表所選取的數字 20，表示從 8 點鐘開始後的第 200 分鐘要去觀測，即於 11:20 要去觀測此 16 部機器；同理從亂數表所選取的數字 6，表示於＿＿:＿＿要去觀測；從亂數表所選取的數字 39，（如中午 12:00～13:00 為午休）表示於＿＿:＿＿要去觀測。

10. 新埔工廠裝配部門有 15 名作業員，今使用工作抽查法欲設定標準時間，每天抽查 20 次共計 3 天，並對於工作中的樣本予以評比，同時此 3 天的裝配數量為 9,325 件，此作業疲勞寬放率為 3%且其他寬放為 12%，設一天的工作時間為 8 小時，請計算此裝配工作的平均績效指標與標準時間。

評比係數%	Day 1	Day 2	Day 3
75	2	0	1
80	6	1	3
85	22	9	13
90	21	24	32
95	45	17	48
100	49	39	47
105	28	56	27
110	13	22	26
115	8	11	15

評比係數%	Day 1	Day 2	Day 3
120	15	22	14
125	20	27	8
130	10	11	2
135	1	3	0
操作	240	242	236
空閒	60	58	64
合計	300	300	300

CHAPTER **08**

預定時間標準

Work Study:
Methods, Standards and Design

8.1 　預定時間標準系統

　　利用馬錶測時法來制定標準時間甚為費時，評比的決定難以客觀，因此所訂標準有時難以說服操作人員。於是產生以動素來制定標準時間的方法，時間研究人員分析作業中發生的各種動素，依據動素的基本時間就能決定作業之標準時間。馬錶測時法主要是用來量測已經實際生產的工作，對於新的未實際生產的工作則不能使用，預定時間標準系統只要能分析出作業中之動素，就可用來預先測定未實際生產工作的標準時間，當然也可用於已經實際生產的工作。

　　預定時間標準(predetermined time standard, PTS)系統是一種不經馬錶直接測時而能預定工作所需正常時間的方法。許多工業工程專家根據泰勒與吉爾伯斯的理念，利用各種科技設備，如攝影器材與錄影設備，根據人體動作的控制程度將動作分類，利用客觀統計的方法訂出各種基本動作的時間，將各動素之基本動作時間建立成數據表，以便在要訂定標準時間時，將所有動作分析出來再查數據表，即可彙整出所要的標準時間，因此 PTS 也稱為基本動作時間(basic motion times)或合成動作時間(synthetic motion times)。主要係將工作的程序劃分成工作單元，再按照每個單元之特質逐項分析其組成動作，查系統所定的數據表可求得各個動作之時間值，將各個時間值累加即得到該工作單元之「正常時間」(normal time)，最後再給予適當之寬放，即可得到「標準時間」(standard time)。

　　預定時間標準系統的訂定，要瞭解構成工作的程序，並能夠詳細分析成工作單元或動作，瞭解操作基本動作所需之控制程度，然後利用數據表查出該動作所需之正常時間。因此不需要實際上線生產的工作也可量測，但量測人員必須了解其工作方法及詳細動作。此種系統可以預先測定未實際上線生產工作的標準時間，也可用於已經實際上線生產的工作。

　　到目前有數十種預定時間標準系統被發展出來，首先賽格(A. B. Segar)於1925 年發表「動作時間分析」(motion time analysis, MTA)，此為最早之預定時間標準系統，此系統強調動作部位，距離與動作所需時間之關係，依照此關

係以訂定動作時間標準。1935 年由奎克(J. H. Quick)、Shea 及 Kohler 開始對「工作因素」(work factor, WF)系統的研究，在 1938 年引用於產業界，而在 1945 年正式發表，廣受產業界人士喜愛，逐漸廣為採用，將影響工作時間的因素分成四種，即身體使用部位、運動距離、重量或阻力、人力之控制等，並著重於動作困難性之研究。

在 1941～1948 年梅那特(R. B. Maynard)、史塔基梅頓(G. J. Stegemerten)與斯瓦伯(P. W. Schwab)致力於「方法時間衡量」(methods time measurement, MTM)系統的研究，是以動素為基本的動作單元，主要針對短週程、重複性高的作業進行量測。經各大學及產業界之分析試用證實精確實用，並風行於美加、歐洲、日、澳與台灣，開創產業界方法改善與時間研究的新紀元。

1949 年美國奇異公司之傑品久(R. C. Geppinger)提出「維度動作時間」(dimensional motion times, DMT)，著重於動作類別與目標物大小之關係的分析。除以上介紹的系統之外還有相當多種，因為每種系統分析的基礎均不相同，而 WF 與 MTM 所衍生的系統比較為國內產業界所採用，尤其 MTM 在電子裝配業甚為風行，因此本書將介紹 MTM 及其衍生的相關系統。

8.2 方法時間衡量(MTM)系統

方法時間衡量(Methods Time Measurement, MTM)是於 1941～1948 年，由美國三位工業工程界權威梅那特(R. B. Maynard)、史塔基梅頓(G. J. Stegemerten)與斯瓦伯(P. W. Schwab)在美國賓州方法工程學會，綜合泰勒與吉爾伯斯的理念，苦心研究八年所發展而成。1956 年獲得美國總工商會以及全美主要工廠、大學及陸海空三軍工廠之支持，在密西根大學成立國際 MTM 協會，從事於 MTM 技術的推廣與研究，目前此項技術已普受世界各國所應用。國際 MTM 協會並規定凡參加所授權之專業訓練，經過考試及格者為該會會員，由國際 MTM 協會授予 practitioner 資格，發給藍卡(blue card)證明。

在 1970 年代起，國內各大專的工業工程學系陸續開設 MTM 課程，各製造裝配業也興起使用 MTM 的熱潮。而且我國也由國際 MTM 協會授權金屬

工業發展中心舉辦此類專業訓練，經考試合格可獲 MTM 藍卡證照。此外，佳銳管理技術顧問社也同時代表美國 MTM 協會，在亞洲地區舉辦此類課程的訓練，並代理「MTM 電腦化 4M-DATA」於亞洲地區的推廣工作，可見 MTM 系統已被國內各界廣泛使用。MTM 系統目前已廣泛應用於國內的工業界，尤其對具有大量生產短週程操作特性的作業應用更為普遍。

MTM 系統首先發展出來的數據稱為 MTM-1，將各種動作以 16 公厘之攝影機以每秒 16 框之速度拍攝研究制定出來的，故其膠片每框之時間為 1/16 秒，相當於 0.00001735 小時，為計算方便起見，以 0.00001 小時為 MTM 的時間單位，並稱為 TMU(time measurement unit)亦即：

1TMU = 0.00001 小時 = 0.0006 分 = 0.036 秒

1 小時 = 100000 TMU，1 分 = 1666.7 TMU，1 秒 = 27.8 TMU

而在 MTM-1 中最短的時間是握取動作(G1A)的 2.0 TMU，最長的時間則是雙膝跪地起立動作(AKBK)的 76.7 TMU。

1964 年國際 MTM 理事會的管理協會發展出 MTM 第二代數據，並於 1965 年在德國慕尼黑由國際 MTM 加以核准公布，稱為 MTM-2。1970 年瑞典 MTM 協會發展出 MTM-3 的第三代數據，並經次年德國漢堡舉行之國際 MTM 理事會予以核准發布，十餘年來並陸續頒布有 MTM-GPD、MTM-C、MTM-V、MTM-MOST 等。

MTM 系統是將操作方法解析為若干基本動作，並將此等動作賦予所預定之時間標準，累計此操作之基本動作時間，即可獲得正常時間。

8.3　MTM-1 系統

8.3.1　動作符號與名稱

在深入了解 MTM-1 之前，要先熟悉數據表上的所有動作符號與名稱，了解影響基本動作時間之變化因素等。在 MTM-1 中，共有 26 種基本動作，其符號與名稱如下表所示。

表 8.1　基本動作符號與名稱表

	符號	基本動作		符號	基本動作
1	R	伸手(reach)	14	SS	橫步(side step)
2	M	搬物(move)	15	B	彎腰(bend)
3	T	旋轉(turn)	16	AB	彎腰起立(arise from bend)
4	AP	加壓(apply pressure)	17	S	蹲身(stoop)
5	G	握取(grasp)	18	AS	蹲身起立(arise from stoop)
6	P	對準(position)	19	KOK	單膝跪地(kneel on one knee)
7	RL	放手(release)	20	AKOK	單膝跪地起立(arise from KOK)
8	D	拆卸(disengage)	21	KBK	雙膝跪地(kneel on both knees)
9	ET	視線轉移(eye travel)	22	AKBK	雙膝跪地起立(arise from KBK)
10	EF	眼睛注視(eye focus)	23	SIT	坐下(sit)
11	C	搖轉(crank)	24	STD	站立(stand)
12	FM	腳動作(foot motion)	25	TB	轉身(turn body)
13	LM	腿動作(leg motion)	26	W	行走(walk)

8.3.2　符號表示規則

　　影響基本動作時間之因素有動作之種類、距離、目標物之形狀大小、實施動作之狀況、實施動作控制之難易程度等，其符號之表示規則如下表所示。

表 8.2　基本動作符號表示規則

符號及各種影響因素書寫位置										書寫方式
1*	2	3	4	5*	6*	7	8	9	10*	
開始狀況	符號	距離	狀況	重量	結束狀況	對稱	握持難易	單位	步行阻礙	
m	R	10	B		m					mR10Bm
m	M	16	B	20	m					mM16B20m
	T	30			S					T30S
	AP		A							APA
	G		1B							G1B
	P		2			NS	E			P2NSE
	RL		1							RL1

表 8.2　基本動作符號表示規則（續）

符號及各種影響因素書寫位置										書寫方式
1*	2	3	4	5*	6*	7	8	9	10*	
開始狀況	符號	距離	狀況	重量	結束狀況	對稱	握持難易	單位	步行阻礙	
	D		1				D			D1D
	ET	30								ET30
	EF									EF
5	C	10		8						5C10-8
	FM			P						FMP
	LM	9								LM9
	SS	14	C2							SS14C2
	B									B
	AB									AB
	S									S
	AS									AS
	KOK									KOK
	AKOK									AKOK
	KBK									KBK
	AKBK									AKBK
	SIT									SIT
	STD									STD
	TB		C1							TBC1
	W	10						P	O	W10PO

　　表 8.2 中，打*號的欄位表示具有選擇性，即可以出現，亦可以不出現，其他沒打*號的欄位表示在一動作的書寫符號中必須要出現。

1. 第 1 欄：在開始之際，手係在運動狀態。這個欄位表示在伸手(R)或搬物(M)之開始，手係在運動狀態。此種狀態的書寫，要在 R 或 M 之前加一小寫字母 m 表示之。

2. 第 2 欄：基本動作。這些欄位是辨認基本動作的符號，這些符號是由一個或多個大寫字母即組成。這些大寫字母大部分為每一基本動作之英文名字的第一個字母。

3. 第 3 欄：距離。MTM 數據之距離單位，一般皆使用英吋(inch)與呎(foot)為單位，為推行公制單位，也有以公分(cm)與公尺(m)為單位的數據表，如下表所示。

表 8.3 MTM 之距離單位

符號	基本動作	公制單位	英制單位	符號	基本動作	公制單位	英制單位
R	伸手	公分	英吋	C	搖轉	公分	英吋
M	搬物	公分	英吋	LM	腿動作	公分	英吋
T	旋轉	度數	度數	SS	橫步	公分	英吋
ET	視線轉移	度數	度數	W	步行	步數或公尺	步數或呎

4. 第 4 欄：狀況(case)。

表 8.4 MTM 之狀況分類

符號	基本動作	狀況	符號	基本動作	狀況
R	伸手	A、B、C、D、E	P	對準	1、2、3
M	搬物	A、B、C	RL	放手	1、2
AP	加壓	A、B	D	拆卸	1、2、3
G	握取	1A、1B、1C1、1C2、1C3、2、3、4A、4B、4C、5	SS	橫步	C1、C2
			TB	轉身	C1、C2

5. 第 5 欄：重量。這個欄位只有在搬運重物或克服阻抗的情況才使用。說明如下：

搬物(M)公制單位為公斤(Kg)，英制單位為磅(lb)。

旋轉(T)以 S 表示輕阻抗 0～1Kg，M 表示中阻抗 1.1～5.0Kg，L 表示重阻抗 5.1～16.0Kg。

搖轉(C)的重量因素完全參考搬物(M)的數據表，故公制單位為公斤(Kg)，英制單位為磅(lb)。

腳動作(FM)以 P 表示壓力。

6. 第 6 欄：在結束之際，手係在運動狀態。這個欄位表示在伸手(R)或搬物(M)之結束，手係在運動狀態。此種狀態的書寫，要在 R 或 M 之後方加一小寫字母 m 表示之。

7. 第 7 欄：對稱。只使用在對準(P)的情況，S 表示對稱(symmetrical)，SS 表示半對稱(semi-symmetrical)，NS 表示非對稱(non-symmetrical)。

8. 第 8 欄：握持難易。只使用在對準(P)和拆卸(D)兩種情況。E 表示握持容易(easy)，D 表示握持困難(difficult)。

9. 第 9 欄：衡量單位。只使用在步行(W)的情況，P 表示步數，M 表示公尺，FT 表示呎。

10. 第 10 欄：有障礙的步行，只使用在有障礙的步行的情況。O 表示有障礙。

 ### 8.3.3　基本動作的控制特性

基本動作實施時，其影響的因素眾多，而且需要使用到的身體控制器官之程度也不一樣。是故，依據動作實施的困難度可區分為三種控制水準。

1. 低度控制：是一種自然反應的動作，只需稍加學習即可，在整個動作中，不需要眼睛的配合，只需依據操作人員的下意識與觸覺的反應即可完成，可由肌肉的運動感覺以配合整個控制動作，因所有的動作均在操作人員的腦海中事先已有所安排，因此不會有猶豫的情況發生。

2. 中度控制：在動作的末端不需要視線的配合。例如，到達或移動物件至目的地附近約 2 公分時，通常需要一些較低程度之手與眼的配合，對於一些不太熟練的操作人員而言，在動作末端經常需要一些視覺或觸覺上的意識反應，以完成最後的調整動作，但對已經相當熟練的作業人員而言，則不需要這些意識反應，即可有效地完成末端動作。

3. 高度控制：是動作末端需要較高精確性的動作，在動作末端需要手與眼的配合，需要肌肉之抑制作用及意識的反應，猶豫的狀況將會隨動作所需之精確性增加而增加，即使一個熟練的操作人員因需高度之精確性，有時也會有猶豫的現象發生。

 ### 8.3.4　MTM-1 數據表

要以 MTM 決定動作的時間標準，需分析動作之類別，動作之狀況與移動之距離，根據 MTM 數據表將查出時間值，得到動作之正常時間。表 8.5～表 8.15 為 MTM-1 的數據表，此數據表以公制為主，時間單位為 TMU。

表 8.5　MTM-1 伸手(R)數據表

伸手距離(cm)	時間(TMU)				手在移動中 m		伸手的狀況及說明
	A	B	C、D	E	A	B	
≦2	2.0	2.0	2.0	2.0	1.6	1.6	A：伸手至固定位置之目標物，或伸手至另一手中之目標物，或伸手至另一手按住之目標物。
4	3.4	3.4	5.1	3.2	3.0	2.4	
6	4.5	4.5	6.5	4.4	3.9	3.1	
8	5.5	5.5	7.5	5.5	4.6	3.7	
10	6.1	6.3	8.4	6.8	4.9	4.3	
12	6.4	7.4	9.1	7.3	5.2	4.8	B：伸手至每週程的位置略有變動的目標物。
14	6.8	8.2	9.7	7.8	5.5	5.4	
16	7.1	8.8	10.3	8.2	5.8	5.9	
18	7.5	9.4	10.8	8.7	6.1	6.5	
20	7.8	10.0	11.4	9.2	6.5	7.1	
22	8.1	10.5	11.9	9.7	6.8	7.7	C：伸手至與其他物件堆置在一起需要尋找或選擇的目標物。
24	8.5	11.1	12.5	10.2	7.1	8.2	
26	8.8	11.7	13.0	10.7	7.4	8.8	
28	9.2	12.2	13.6	11.2	7.7	9.4	
30	9.5	12.8	14.1	11.7	8.0	9.9	
35	10.4	14.2	15.5	12.9	8.8	11.4	D：伸手至微小之目標物或需精確握取之目標物。
40	11.3	15.6	16.8	14.1	9.6	12.8	
45	12.1	17.0	18.2	15.3	10.4	14.2	
50	13.0	18.4	19.6	16.5	11.2	15.7	
55	13.9	19.8	20.9	17.8	12.4	17.1	
60	14.7	21.2	22.3	19.0	12.8	18.5	E：伸手至不固定的位置，使手定位，以求身體平衡，或便於下次動作的開始。
65	15.6	22.6	23.6	20.2	13.5	19.9	
70	16.5	24.1	25.0	21.4	14.3	21.4	
75	17.3	25.5	26.4	22.6	15.1	22.8	
80	18.2	26.9	27.7	23.9	15.9	24.2	
每 cm 增加	0.18	0.28	0.26	0.26	0.18	0.28	

表 8.6 MTM-1 搬物(M)數據表

搬物距離 (cm)	時間(TMU)				重量修正因子			搬物的狀況及說明
	A	B	C	手在移動中 m B	最大重量 ≦ (Kg)	動態係數	靜態常數 (TMU)	
≦2	2.0	2.0	2.0	1.7	1	1.00	0.0	A：移動目標物至停靠處或另一手。
4	3.1	4.0	4.5	2.8				
6	4.1	5.0	5.8	3.1	2	1.04	1.6	
8	5.1	5.9	6.9	3.7				
10	6.0	6.8	7.9	4.3				
12	6.9	7.7	8.8	4.9	4	1.07	2.8	
14	7.7	8.5	9.8	5.4				
16	8.3	9.2	10.5	6.0	6	1.12	4.3	
18	9.0	9.8	11.1	6.5				
20	9.6	10.5	11.7	7.1	8	1.17	5.8	
22	10.2	11.2	12.4	7.6				
24	10.8	11.8	13.0	8.2	10	1.22	7.3	B：移動目標物至大概但未固定的位置。
26	11.5	12.3	13.7	8.7				
28	12.1	12.8	14.4	9.3	12	1.27	8.8	
30	12.7	13.3	15.1	9.8				
35	14.3	14.5	16.8	11.2				
40	15.8	15.6	18.5	12.6	14	1.32	10.4	
45	17.4	16.8	20.1	14.0	16	1.36	11.9	
50	19.0	18.0	21.8	15.4				
55	20.5	19.2	23.5	16.8				
60	22.1	20.4	25.2	18.2	18	1.41	13.4	C：移動目標物至正確位置。
65	23.6	21.6	26.9	19.5				
70	25.2	22.8	28.6	20.9				
75	26.7	24.0	30.3	22.3	20	1.46	14.9	
80	28.3	25.2	32.6	23.7				
每 cm 增加	0.32	0.24	0.46	0.28	22	1.51	16.4	

表 8.7 MTM-1 旋轉(T)與加壓(AP)數據表

旋轉角度 重量	時間(TMU)										
	30°	45°	60°	75°	90°	105°	120°	135°	150°	165°	180°
S 小-0~1.0kg	2.8	3.5	4.1	4.8	5.4	6.1	6.8	7.4	8.1	8.7	9.4
M 中-1.1~5.0kg	4.4	5.5	6.5	7.5	8.5	9.6	10.6	11.6	12.7	13.7	14.8
L 大-5.1~16.0kg	8.4	10.5	12.3	14.4	16.2	18.3	20.4	22.2	24.3	26.1	28.2
加壓	狀況 A：APA=10.6TMU					狀況 B：APB=16.2TMU					

表 8.8 MTM-1 握取(G)數據表

狀況	時間 (TMU)		說明	
G1A	2.0	抓取	易抓取，易於抓取的小、中或大的單一目標物。	
G1B	3.5		難抓取，極小或緊貼於平面上的目標物。	
G1C1	7.3		障礙抓取，底面及側面有障礙（需先撥開）之近似圓柱形目標物的抓取。	直徑介於 13～25mm。
G1C2	8.7			直徑介於 6～12mm。
G1C3	10.8			直徑小於 6mm。
G2	5.6	變握	再握取或重握 (regrasp)，目標物很小 (<4mm)、很重（>10 磅）、易碎、很滑或很危險，均須以此動作給予額外時間。	
G3	5.6	換手握	移轉握取(transfer grasp)，接取從他手傳來之目標物。	
G4A	7.3	選擇握	目標物和其他物件雜亂放於一處，會發生尋找及選擇之現象。	目標物大於 26mm × 26mm × 26mm。
G4B	9.1			目標物介於 6mm×6mm×3mm 至 25mm×25mm×25mm。
G4C	12.9			目標物小於 5mm×5mm×2mm。
G5	0	觸取	觸取(contract)、勾取、滑取，一接觸目標物即可控制之，雖時間為 0，為完整表達動作，仍需記錄。	

表 8.9　MTM-1 對準(P)數據表

配合等級		對稱狀況	握持容易(E) 操作物堅固，不須 G2	握持困難(D) 操作物柔軟或細小，要 G2
1 寬鬆	不需加壓	S（對稱）	5.6	11.2
		SS（半對稱）	9.1	14.7
		NS（非對稱）	10.4	16.0
2 稍緊	需加輕壓	S（對稱）	16.2	21.8
		SS（半對稱）	19.7	25.3
		NS（非對稱）	21.0	26.6
3 緊密	需用重壓	S（對稱）	43.0	48.6
		SS（半對稱）	46.5	52.1
		NS（非對稱）	47.8	53.4
*對準所移動距離是在 25mm 以內。				

表 8.10　MTM-1 放手(RL)數據表

狀況	時間(TMU)	說　明
1	2.0	正常放手：手指放開而與目標物脫離。
2	0	接觸放手

表 8.11　MTM-1 拆卸(D)數據表

配合等級	握持容易(E)	握持困難(D)
1. 寬鬆	4.0	5.7
2. 稍緊	7.5	11.8
3. 緊密	22.9	34.7

表 8.12　MTM-1 視線轉移(ET)及視線集中(EF)數據表

視線轉移時間 ET=15.2×T/D TMU，最大值=20TMU 　　　　T：視線由一點轉移至另一點的距離。 　　　　D：眼睛至兩點相連直線的垂直距離。
眼睛注視時間 EF=7.3 TMU

表 8.13　MTM-1 搖轉(C)直徑對應每轉之時間(d)數據表

搖轉直徑(cm)	每轉之時間 d	搖轉直徑(cm)	每轉之時間 d
4	9.2	22	13.9
6	10.0	24	14.2
8	10.7	26	14.5
10	11.3	28	14.8
12	11.9	30	15.0
14	12.4	35	15.5
16	12.8	40	15.9
18	13.2	45	16.3
20	13.6	50	16.7

公式：

連續搖轉(C)（開始至結束中途不停）：
TMU = [(N × d) + 5.2] × R + K

間斷搖轉(IC)（每轉一圈停頓一次）：
TMU = [(d + 5.2) × R + K] × N

N：搖轉圈數。
R：重量修正係數，查搬物(M)數據表。
K：重量修正常數，查搬物(M)數據表。
d：每轉之 TMU。
5.2：開始和停止之 TMU。

表 8.14　MTM-1 身體動作數據表

符號	時間(TMU)	距離	動作說明
FM	8.5	10cm 以內	腳動作：以踝為支點。
FMP	19.1		腳動作：以踝為支點，用力踩。FMP=FM+APA
LM	7.1	15cm 以內	腿動作。
	0.5	每增 1cm	
SS-C1	-	30cm 以內	橫步狀況 1：移動一步即可。（當距離小於30cm 時，使用伸手(R)或搬物(M)的時間。）
	17.0	30cm	
	0.2	每增 1cm	
SS-C2	34.1	30cm	橫步狀況 2：移動一步另一腳跟上。
	0.4	每增 1cm	
B,S,KOK	29.0		彎腰、蹲身、單膝跪地
AB,AS,AKOK	31.9		彎腰起立、蹲身起立、單膝跪地起立
KBK	69.4		雙膝跪地
AKBK	76.7		雙膝跪地起立

表 8.14　MTM-1 身體動作數據表（續）

符號	時間(TMU)	距離	動作說明
SIT	34.7		坐下
STD	43.4		站立
TBC1	18.6		轉身 45°～90°狀況 1：移動一步即可。
TBC2	37.2		狀況 2：移動一步另一腳跟上。
W-M	17.4	公尺	行走
W-P	15.0	步	
W-PO	17.0	步	行走且有障礙

表 8.15　同時動作配合表

伸手			搬物			握取			對準			拆卸		狀況	動作
A,E	B	C,D	A,Bm	B	C	G1A G2 G5	G1B G1C	G4	P1S	P1SS P2S	P1NS P2SS P2NS	D1E D1D	D2		
	*	*	*	*			*	*	**	**	**		**		
W O	W O	W O	W O	W O		W O	W O	E D	E D	E D	E D		E D		
														A,E	伸手
														B	
														C,D	
														A,Bm	搬物
														B	
														C	
														G1A,G2,G5	握取
														G1B,G1C	
														G4	
														P1S	對準
														P1SS,P2S	
														P1NS,P2SS,P2NS	
														D1E,D1D	拆卸
														D2	

□ 易於同時動作
（灰）經適當練習後，可以同時操作
（黑）雖經長時間練習，亦難同時操作所需時間應分別列計
　　　表內未列之動作
旋轉— 除旋轉在控制中或與拆卸合併者外，其他各項旋轉通常均易實施。
加壓— 視狀況分為易、練習及難三種，各種狀況須加以分析。
對準— 第三種狀況難於操作。
拆卸— 第三種狀況通常難於操作。
放手— 通常易於操作。
拆卸— 如須留意不使拆卸體受損，任何種類的拆卸均難於操作

* W = 在正常視野內
　O = 在正常視野外
** E = 易於操作
　D = 難於操作

8.4　MTM-1 基本動作

　　要妥善運用 MTM-1 系統，除了熟悉數據表上的所有動作符號與名稱之外，也要掌握基本動作中各種狀況的正確分類，如此才能將工作中的各項操作寫出 MTM-1 符號，以便查出 TMU 時間值。茲將 26 種基本動作之符號與名稱與各種狀況的分類，說明如下。

8.4.1　伸手(reach)-R

　　伸手為手或手指移動到目標物之基本動作。一般的伸手是指空手移動，但有時手中持有輕物，如拿著鉛筆向計算機伸手仍然視為伸手動作。伸手所需之時間值依距離(distance)、狀況(case)及型態(types)三項變因而異。

1. 伸手距離

　　手指的移動距離之計算以食指尖之移動路徑為準。而手的移動距離，則以食指與手背間之關節(knuckle)為測量點。通常移動路徑係以手實際之運動曲線路徑測量之，可用軟尺來衡量。若移動距離在 2cm（3/4 吋）以下時，可用 f (fractional)表示之。伸手距離不包括身體或其他部位幫助運動之距離，若有此種距離必須扣除之。

　　伸手數據表中，距離超過 80cm（30 吋）時，需用外插法求出各狀況每 cm 所增加之時間值。若在 80cm 以內之分析，儘量利用數據表列出接近的距離表示，而一定要使用表中沒有者，其所需之時間值可用內插法求出。

2. 伸手狀況

　　伸手之狀況分為 A、B、C、D、E 五種，主要係以伸手基本動作時之意識控制程度來區分。

狀況 A：伸手至固定位置之目標物，或伸手至另一手中之目標物，或伸手至另一手按住之目標物。

(1) 所謂「固定位置」係意指腦海中早已熟悉目標物之位置，在從事伸手時，不需意識思考或視覺觀察者。

(2) 由於身體肢體平衡知覺，兩手間之相互伸手，均不需意識控制即可從事相互伸手動作。

(3) 伸手至另一手接觸之物件時，其抓物處與另一手持物點之距離須在 3 吋(7.5cm)以內方視為狀況 A，若大於 3 吋應視為狀況 B。

(4) 若伸手時有突然改變方向弧度 90°以上，但弧度半徑在 6 吋(15cm)以內之狀況 A，其符號為 R_ACD (change direction)，其時間值與 B 狀況相同，只有狀況 A 才會有改變方向之情況。

(5) 狀況 A 為五種伸手中最簡單，其時間值需時最少者。

狀況 B：伸手至每週程的位置略有變動的目標物。

(1) 所謂每一週程的位置略有變動，係指每次伸手到達之位置允差界限大於±1/4 吋(6mm)。

(2) 若伸手之距離在 2cm（3/4 吋）以下時，公制以 R2B 表示，英制以 f (fractional one inch)表之，如 RfB。

(3) 正常之下，一般之伸手均屬狀況 B，故狀況 B 係最常見之伸手，僅需中等意識控制程度即可為之。

狀況 C：伸手至與其他物件堆置在一起需要尋找或選擇的目標物。

(1) 需要尋找、選擇對象。

(2) 混合之物件可以是同類同規格或異類異規格。

(3) 即指之目標物件係指小物件，若大體積則可視為狀況 B。

(4) 需高度意識控制程度方可為之。

(5) 如為了下一動作是抓一大把之物件而伸手到容器處者，此種伸手可視為狀況 B 或狀況 A。

狀況 D：伸手至微小之目標物或需精確握取之目標物。

(1) 需高度意識控制程度方可為之，其所需之時間值與狀狀 C 相同。

(2) 所謂微小物件係指其斷面每邊尺寸在 1/8 吋(3mm)以下者。

(3) 從事狀況 D 之伸手需有小心、預防之現象。

(4) 到達之位置為一精確位置，自允差在±1/4 吋(6mm)以內。

(5) 狀況 D 後其下一基本動作必跟隨一個精確的握取(grasp)動作。

狀況 E：伸手至不固定的位置，使手定位，以求身體平衡，或便於下次動作的開始。

(1) 為低意識控制程度，不需視線觀察。

(2) A、B、C、D 狀況之伸手後或放手(release)後，空手回到原處即屬狀況 E。

(3) 伸手到達一不確定位置，或作業員將手拋開以避免被擊中。

(4) 狀況 E 極少為「主動作」存在，當與其他動作同時發生，且其時間值較短，故常被省略不計(limited out)。

3. 伸手型態

型態一：伸手開始與終止時，都是靜止的狀態。

(1) 此為最常見之伸手運動型態，其符號例如 R10A。

(2) 其時間值可由 MTM-1 伸手數據表中直接查出。

(3) 所需時間值最多。

型態二：伸手開始或終止時，有一為運動狀態另一為靜止狀態，符號的寫法為 mR_A、mR_B、mR_C、mR_D、mR_E、R_Am、R_Bm、R_Em。

例如：mR_A，是伸手開始前手係在運動中，伸手結束時手需靜止，因此伸手動作開始時，手保持某定速繼續運動無加速現象，故符號前面加註 m 字，而到達目的地時需減速至零。

例如：R_Am，是伸手開始前手係靜止狀態，伸手結束後繼續保持運動狀態。則伸手動作開始時，其運動速度需由零加速至某定速繼續運動，而到達目的地無需減速，故符號後面加註 m 字。

(1) 加註 m 字的現象偶而發生，在符號前面與後面加註 m 字所需時間值相同，查伸手數據表時要用「手在移動中」的時間值。

(2) 狀況 C 與 D 因需高度意識控制程度，故不可能有 R_Cm 或 R_Dm 現象發生。

(3) mR_A、R_Am、mR_B、R_Bm、可在 MTM-I 伸手數據表中直接查出時間值，但是狀況 C、D、E 之時間值，可依下例求出：

$$mR10C = R10C - (R10B - mR10B)$$

$$mR20D = R20D - (R20B - mR20B)$$

$$mR30E = R30E - (R30B - mR30B)$$

型態三：伸手的開始與終止皆為運動狀態。故伸手動作開始時無加速，到達目的地時亦無減速。其符號寫法為 mR_Am、mR_Bm、mR_Em。

(1) 此種現象極少發生。

(2) 所需時間值最少。

(3) 不可能有 mR_Cm 及 mR_Dm 情形發生。

(4) 其時間值無法直接由數據表查出，必須換算而得，例如 ：

$$mR20Am = R20A - 2(R20A - mR20A) = mR20A - (R20A - mR20A)$$
$$mR10Bm = R10B - 2(R10B - mR10B) = mR10B - (R10B - mR10B)$$
$$mR30Em = R30E - 2(R30B - mR30B)$$

 ## 8.4.2　搬物(move)-M

　　搬物或稱移物係手或手指的基本動作，將一物件搬運至某一目的地。搬物並不限於必定移動某物，有時雖空手移動，但如以手當工具使用，亦可視為搬物，例如以手拂去桌面塵埃即視為搬物。

　　搬物所需之時間值依搬物距離、搬物狀況、搬物型態及搬物所受物體之重量阻抗四項變因而異。搬物之狀況分為 A、B、C 三種，主要係以搬運時之意識控制程度而區分。

1. 搬物距離

　　與「伸手」之距離量測方法相同。

2. 搬物狀況

　　搬物之狀況分為 A、B、C 三種，主要係以搬物基本動作時之意識控制程度來區分。

狀況 A：移動目標物至另一手或停靠處。

(1) 由於肢體平衡知覺，由一手搬運物件至另一手，並不需意識控制即可完成搬運。

(2) 物件搬至有停靠處，當物件到達目的地時，能使物件準確定位，無需意識控制。

(3) 只需少許意識控制或不需意識控制均屬狀況 A。

狀況 B： 移動目標物至大概但未固定的位置。

(1) 所謂大概位置係指允差界限大於 ±1/4 吋(6mm)。未固定的位置係指未受方向、位置之限制。

(2) 為最常見之移動狀況，僅需中等或低等意識控制程度即可。

狀況 C： 移動目標物至正確位置。

(1) 所謂正確位置係指允差界在 ±1/4 吋(6mm)以內。

(2) 需高度意識控制及視線注意。

(3) 需小心、預防等危險性搬運均屬狀況 C。

(4) 若允差在 ±1/8 吋(3mm)以內時，狀況 C 之搬物後必有對準(position)之動作。

3. 搬物型態

(1) 與「伸手」之運動型態相同。

(2) 需高意識控制之狀況 C 不可能有 M_Cm 及 mM_Cm 型態。

4. 物體之重量或阻抗

　　物體之重量或阻抗會影響搬物所需之時間，此重量或阻抗所增加時間分為二種：

(1) 靜態時間：此為搬運前物體係靜止狀態，手及前臂肌肉為完成其搬運前運動之控制所需克服物體重量阻抗之時間。此部分時間與物體重量阻抗大小有關。若重量已知其時間為一定值，可自數據表中重量修正因子欄的常數值中查出，此時間與搬運距離無關。

(2) 動態時間：此為物體已被控制，在搬物過程中，因物體重量阻抗影響所需增加之時間。此部分時間與物體重量阻抗大小成正比，可自數據表中重量修正因子欄的係數中查出。

5. 重量阻抗之計算

(1) 搬物之重量阻抗係以單手所受之有放淨重(effective net weight, ENW)表示之。雙手承受 20kg 則其重量因素之符號以 20/2 表示，而以 10kg 重量計算查數據表。

(2) 滑動搬運物體時，有放淨重 ＝ 物體重量×摩擦係數。

摩擦係數可參考如下：

木質與木質接觸，平均摩擦係數 0.4 (0.3~0.5)

木質與金屬接觸，平均摩擦係數 0.4 (0.2~0.6)

金屬與金屬接觸，平均摩擦係數 0.3 (0.1~0.5)

(3) 搬物之總時間＝（搬物基本時間（即不考慮重量阻抗）×有重量阻抗之動態係數＋有重量阻抗之靜態常數）。例如：

M20B7=(M20B)×1.17＋5.8=10.5×1.17＋5.8=12.3＋5.8=18.1

mM20B7=(mM20B)×1.17+0＝7.1×1.17=8.3（無靜態所需時間）

M20B7m=(M20Bm)×1.17＋5.8＝7.1x1.17+5.8＝8.3＋5.8＝14.1

mM20B7m ＝ (mM20Bm)×1.17 ＋ 0=[mM20B－(M20B－mM20B)]×1.17+0

＝[7.1－(10.5－7.1)]×1.17+0=3.7x1.17+0=4.3（無靜態所需時間）

mM20A7 ＝ mM20Ax1.17＋0=[M20A－(M20B－mM20B)]×1.17＋0

＝[9.6－(10.5－7.1)]×1.17+0=6.2x1.17＋0=7.3（無靜態所需時間）

(4) 重量在 1 公斤（2.5 磅）（含）以下不計，可以省略不寫。

8.4.3　旋轉(turn)-T

旋轉是以手腕或手之基本動作，不論手中是否握有物體，而以前臂為軸所作旋轉之動作。旋轉之時間值依所旋轉之角度、被旋轉目標物之重量阻抗而定。

1. 旋轉角度

(1) 旋轉角度小於 30°時，常含於其他動作內完成，故其時間不計。

(2) 旋轉角度 30°以上時，以每 15°為間隔計算，但如表中無法查得之數據，則以最接近之角度表示。蓋因旋轉動作之角度並非極精密之分析。例如旋轉 65°以 T60 表示，旋轉 85°以 T90 表示。

(3) 正常之旋轉其角度最大為 180°，如欲旋轉之角度超過 180°時，需作兩次旋轉之動作，且第一次旋轉後需重新握取目標物方可施行第二次旋轉。

2. 目標物之重量阻抗

(1) 0～1kg（0～2 磅）重量稱為小阻抗(small)以 S 表示。

　　1.1～5kg（2.1～10 磅）重量稱為中阻坑(medium)以 M 表示。

　　5.1～16kg（10.1～35 磅）重量稱為大阻抗(large)以 L 表示。

　　超過 16kg（35 磅）重量之阻抗，甚少應用旋轉之動作。

(2) 如果為空手旋轉，S 可以不必寫出，例如 T60。

8.4.4　加壓(apply pressure)-AP

　　加壓是運用肌肉的力量去克服物件的阻抗，完成時只有很少或沒有位移發生，其最大移動距離為 6mm（1/4 吋）。加壓基本動作包含三個過程：施力(apply force, AF)、短暫停留(minimum dwell, DM)及鬆力(release force, RLF)。施力所需時間係以施力之阻力 8 磅以內為界測定之，其時間值為 3.4TMU；短暫停留係指施力於目標物後，物體反作用力傳達至大腦而產生反應下一動作之過程，此所需之時間值經測定為 4.2TMU；鬆力則是將力量減去，並非放釋目標物（如放釋物體應為放手基本動作），此項所需時間值經測定為 3.0TMU。可分成下列兩種加壓模式：

1. 加壓(APA)是一種輕微加壓的情況，可立即對物件施力、短暫的停留及鬆力三部分，不需要調整身體對物件握持的姿勢或是位置，此動作前沒有再握取(G2)的動作發生，APA 所需時間值即為施力、短暫停留及鬆力過程所需時間之總和 10.6 TMU。

2. **強力加壓(APB)**，為了避免手部傷害或是加壓時產生不舒適的現象，因而必須調整手對物件的握持姿勢或位置，實施此動作前必須先做再握取(G2)動作才能實施加壓。此加壓動作 APB=APA+G2=10.6 + 5.6 =16.2 TMU。

 ## 8.4.5　握取(grasp)-G

握取為使用手或手指握著某一或多個目標物以獲得確實控制，以便施行下一基本動作。握取只能由手或手指實施，若以工具或身體其他部位間接對物體得到控制不視為握取。握取所需之時間值依目標物之狀態及目標物大小而定。

1. G1 抓取(pick up grasp)

(1) **G1A 易抓取**

為抓取物體大中小適中甚易抓取之物件，只需單純之手指合攏即能控制目標物而沒任何阻礙，故其時間值實為 RfA 之動作 2.0TMU，此種抓取為最常見之抓取，例如抓電話筒、抓桌上之橡皮擦、抓書本、抓帽子等。

(2) **G1B 難抓取**

為抓取細小或緊貼於平面之薄物件，由於物件細小或緊貼平面甚薄，故不易抓取有阻礙，需高度意識控制。通常施行 G1B 動作可解釋為 RfA 之後，緊接少許 MfB 之動作。例如抓取桌上之硬幣、抓取平放桌上之小鋼尺等。

(3) **G1C 障礙抓取**

抓取近似圓柱形之物件，其底部及一側有障礙者，例如抓取三支並排圓柱中間那支。G1C 依目標物之大小又分為 G1C1、G1C2、G1C3，詳如數據表說明。當目標物直徑大於 26mm(1")時，實施抓取時，已不受底部及一側障礙之影響，只需 G1A 即可。

2. G2 重握(regrasp)、再握取、變握、調整握

在握取過程中有時需有調整握取，改變位置之現象，來增加控制目標物以便於下一動作，通常此種動作係先張開手指，改變手指方向或位置再

合攏手指，此種握取稱為調整握、變握、再握取或重握。所需時間值為兩次 RfA 及改變方向或位置時間之總和，計 5.6 TMU。

3. G3 換手握或移轉握(transfer grasp)

換手握係將目標物由一手移交至另一手中。此種動作包含三個過程：接受物件之一手以 G1A 抓取物件；接受之手握牢物件之反應時間(reaction time)約 1.6TMU；接受之手已握牢，原來之手指放開物件之放手(release)。其所需時間值為 G1A，反應時間與放手三者之總和計 5.6TMU。

4. G4 選擇握(select grasp)

為具有尋找及選擇目標物之握取，通常為混合之物件中選取其一，混合之物件可為同類或非同類，依目標物體積之大小不同又分 G4A、G4B、G4C，其所需時間值，如數據表所示。如物件超過 26mm×26mm×26mm (1"×1"×1")以上，而且甚易抓取，雖相混在一起，如果以 G1A 即可完成，則不視為 G4。

5. G5 觸取(contract)、勾取(hook)、滑取(sliding grasp)

觸取、勾取、滑取，係手或手指接觸物件表面即可獲得物件適當之控制，不需手指張開或合攏動作，故其所需時間值為 0 TMU。

8.4.6　對準(position)-P

對準或稱安置為使用手或手指將一目標物對齊(align)、定位(orient)及契合(engage)於另一物件中。例如開門時鎖匙對準於門鎖洞孔之對準動作。對準所需之時間值依兩物件孔間隙配合之等級(class of fit)、兩物件對稱性(symmetry)及兩物件握持操作之難易程度(ease of handling)三變因而定。

1. 配合等級，分為三種

(1) 寬鬆配合(loose fit)：不需加壓。

為物件本身不需加壓力亦不必小心注意就可套入，此種情況自二物件之總間隙為 13mm(1/2")至接觸時開始有摩擦之範圍均屬之，其符號為 P1。

(2) 稍緊配合(close fit)：需加輕壓。

為二物件契合會產生摩擦，須加輕微壓力(APA)方能套入，或契合時須小心注意的現象，其符號為 P2，而 P2=Pl＋APA。

(3) 緊密配合(exact fit)：需用重壓。

二物件契合時產生甚大摩擦，必須用較重壓力（較 P2 增多 2APA），此種契合仍能用人力完成，且須特別小心者（需增加 G2 現象）。其符號為 P3，且 P3=P2＋2APA＋G2=Pl+3APA+G2。

2. 對稱性

兩物件之形狀當在契合時，是否需轉動某角度方可對準之情形，對稱性分三種：對稱、半對稱及非對稱。

(1) 對稱(symmetry, S)

物件對準後，不需旋轉定位，任何角度皆能套入者，其符號為 S。

(2) 半對稱(semi-symmetry, SS)

物件對準後，需稍作旋轉定位方能套入孔洞內，其轉動角度不大，平均約 45°，有數個方向可契合（約 2～10 個方向）者，其符號為 SS，且 SS=S+T45。

(3) 非對稱(non symmetry, NS)

物件對準後，需作旋轉定位方能套入孔洞內，其轉動角度較大，平均約 75°，僅有一個方向始可契合者，其符號為 NS，且 NS=S+T75。

3. 握持之難易

(1) 握持容易(easy to handling, E)

物件容易握持，方便對準動作之施行，一般其判定為：如物件體積適中；握持點接近接合處；為剛性物件不須有變握 G2 現象者，均為容易握持，其符號 E。

(2) 握持困難(difficult to handling, D)

物件握持較不易，需有變握 G2 動作產生之現象，一般其判定為：物件非常微小 6mm×6mm×6mm (1/4"×1/4"×1/4")以內，物件為

撓性之柔軟物（如穿針之線、繩索）；握持點距接合處距離在 10cm(4")
以上；需有變握 G2 動作者，其符號 D，且 D=E+G2。

　　對準所需之時間值依上述規則而定，例如：

P2SSE=P1SE+APA+T45＝5.6＋10.6＋3.5＝19.7
P3NSD=P1SE＋3APA＋G2＋T75＋G2＝5.6＋31.8＋5.6＋4.8＋5.6＝
53.4

4. 表面對準

　　對準時兩物件契合深度小於 3mm(1/8")者，可視為無契合現象，此稱
表面對準(surface position)。表面對準僅有對準與定位二過程而無契合，表
面對準又可分為點對準與線對準兩種。

(1) 點對準

　　將物件對準於一點，允差在 ±3mm(±1/8")至大於 ±0.8mm(±
1/32")，無需變握，物件為剛性，其對準為 P1SE，如需變握或柔軟物
件，其對準為 P1SD。允差在 ±0.8mm(±1/32")或更小之相同情形則其
對準為 P2SE 或 P2SD。

(2) 線對準

　　將物件對準靠近於一線，若長度在 75mm(3")以下通常為 P2SE。
若長度在 75~26mm(3"~1")其對準為 2 次之 P2SE。長度在 26mm(1")以
下，其對準則為 3 次 P2SE。

8.4.7　放手(release)-RL

放手為放棄控制目標物，此為手指之基本動作，為一需時最少之動作情
形。放手所需之時間值依據手指放棄控制目標物時，是否需張開而定，故放
手實為 Rf 之動作，如放手時手指有張開，此稱為第一種放手，符號 RL1，時
間值 2.0TMU。

放手時不須張開手指，僅手指與目標物分開，稱為第二種放手，符號
RL2，不需時間，故時間值為 0TMU，RL2 為 G5 之相反動作。

8.4.8 拆卸(disengage)-D

拆卸為對準之相反動作，係使用手或手指將兩契合之物件分離，其為搬物、變握與加壓(APA)三個動作所構成。當拆離時，會產生回跳(recoil)現象，此現象乃由於物件分離時，阻力突然消失致使手失去控制之故。回跳為拆卸動作之必然現象，如無回跳產生，則不視為拆卸動作。拆卸所需之時間值依配合等級(class of fit)；握持難易(ease of handling)；謹慎程度(care of handling)及卡住阻力(binding)變因而定。

1. 配合等級

(1) 寬鬆配合

拆卸物件時幾乎不用力或僅需極小力量即可完成，其回跳高度在 1"以內，回跳途徑長度在 3.5"以內者，其符號 D1。

(2) 稍緊配合

最常見之拆卸動作，施行拆卸時須少許之力量，其回跳高度在 1"～5"，回跳途徑長度在 3.5"～8.5"者，其符號 D2。

(3) 緊密配合

需用較大力量方可拆卸，有極明顯之回跳現象，其回跳高度在 5"～12"，回跳途徑長度在 8.5"～15.5"者，其符號 D3。

2. 握持難易

(1) 握持容易

施行拆卸時，手或手指握持物件不須有變握(G2)現象即能完成者，其符號 E。

(2) 握持困難

施行拆卸時，手或手指握持物件須有變握(G2)動作始能握牢者，其符號 D。

3. 謹慎程度

施行拆卸時須小心，預防物件受到損害，或避免手或手指因回跳而受傷害。

(1) D1 拆卸時，如須小心預防，則以 D2 時間值計算之。

(2) D2 拆卸時，如須小心預防，則以 D3 時間值計算之。

(3) D3 拆卸時，如須小心預防，則其回跳距離甚長，無法由手控制，故需改良操作方法或由機械拆卸之。

4. 卡住阻力

(1) D2 拆卸時，若有不易拉出之卡住阻力情形發生時，須另加「變握(G2)」時間值。

(2) D3 拆卸時，若有不易拉出之卡住阻力情形發生時，須另加「加壓(APB)」時間值。

8.4.9 視線轉移(eye travel)-ET

　　眼睛動作時間係指眼睛觀察物件之視線轉移(eye travel)或視線注視(eye focus)集中某物所需之時間。在大部分之工作中，眼睛動作均伴隨其他基本動作同時發生，甚少單獨目視存在，故眼睛動作時間可以略去不計。但如果目視動作未完成則下一基本動作即無法進行者，則眼睛動作時間必須單獨計算。

　　視線轉移是眼的基本動作，眼球每轉動 1 度所須之時間經測定為0.285TMU，故視線轉移時間可用轉移角度乘以 0.285TMU 而得，但欲測量視線轉移之角度並非易事，為方便起見乃以轉移距離的計算來求時間。

　　視線由一處轉移至一新位置，所需之時間值依兩處聞之距離(T)，與眼睛至該兩處連線之垂直距離(D)而定，其符號 ET，其公式如下：

$$ET = 15.2 \times T/D \text{ TMU}，最大值為 20 \text{ TMU}$$

　　例如：視線由一物件轉至另一物件，兩物件距離 25cm，眼睛至兩物件之垂直距離 40cm，則符號寫為 ET 25/40，時間的計算為：$15.2 \times 25 \div 40 = 9.5$TMU。另如兩物件距離 50cm，眼睛至兩物件之垂直距離 30cm，則符號寫為 ET50/30，時間的計算為：$15.2 \times 50 \div 30 = 25.3$ TMU，但仍以 20.0TMU 計算之。

8.4.10　眼睛注視(eye focus)-EF

　　眼睛注視就是視線集中是由眼睛及心意專注的一種行為，其注視在一物件上之時間僅足以判別一易於鑑別的特性，視線集中時其他動作必須停止，等待雙眼判斷物件的特性。如注視手錶錶面以判定時刻，眼睛注視時，視線並不轉移，且視線需在正常視線範圍內，而其符號為 EF，且時間為一定值7.3TMU。

8.4.11　搖轉(crank)-C

　　搖轉是以肘為樞軸，並且在上臂幾乎固定不動的情況下，使手指、手、手腕及前臂沿圓形途徑旋動一物件所做的動作。搖轉所需之時間值依運動方式、搖轉直徑、搖轉圈數及搖轉之重量阻抗等變因而定。

1. 運動方式

　　(1) 連續搖轉(continuous cranking)

　　　　連續搖轉為只有在搖轉的開始及結束為停止狀態，但在搖轉中途並不停止，也就是說在搖轉的開始有加速動作，一直到搖轉的最後一圈才有減速動作，其符號代表為 C。

　　(2) 間斷搖轉(intermittent cranking)

　　　　間斷搖轉為搖轉每一圈都有加速及減速的動作，也就是說每轉一圈都有停止的動作，因為要停止所以有減速的動作，再轉下一圈就有加速的動作，其符號代表為 IC。

2. 搖轉直徑

　　搖轉動作所產生圓形路徑之直徑大小，一般以食指手背所作圓形路徑計算其直徑，實務上手輪之直徑通常即為搖轉直徑。

3. 搖轉圈數

　　即指搖轉若干次。從事搖轉時必須轉大於 1/2 圈才視為搖轉，若小於1/2 圈應視為搬物之基本動作。

4. 搖轉之重量阻抗

　　被轉物件之重量阻抗所需時間值，與搬物所受重量阻抗計算相同，亦分為動態時間與靜態時間分別處理之。

5. 搖轉時間計算

　　搖轉所須時間與搖轉圈數(N)，搖轉直徑對應參數(d)（查搖轉直徑數據表），搖轉重量修正因子（係數：R，常數：K；查搬物(M)數據表）有關，計算公式如下：

(1) 連續搖轉(C)（開始至結束中途不停）：

$$TMU = [(N \times d) + 5.2] \times R + K$$

(2) 間斷搖轉(IC)（每轉一圈停頓一次）：

$$TMU = [(d + 5.2) \times R + K] \times N$$

　　d：每轉之 TMU，查搖轉直徑數據表。

　　5.2：開始和停止之 TMU。

　　N：搖轉圈數。

　　R：重量修正係數，查搬物(M)數據表。

　　K：重量修正常數，查搬物(M)數據表。

範例 8.1

　　5 C 20 – 9 = [(5×13.6)+5.2]×1.22+7.3 = 96.6 TMU

　　5 IC 20 – 9 = [(13.6+5.2)×1.22+7.3]×5 = 151.2 TMU

　　5 C 20 = (5×13.6)+5.2 = 73.2 TMU

範例 8.2

手搖刨冰機，連續搖轉 10 圈才能刨出足夠的冰量，其搖轉重量為 8Kg，搖轉直徑為 30cm。

10 C 30 – 8 = [(10×15.0)+5.2]×1.17+5.8=187.4 TMU

 ## 8.4.12　腳動作(foot motion)-FM

　　腳動作是一種以腳踝(ankle)為支點，向上或向下移動腳的動作，不包括腿、膝或臀部運動，其運動距離最長 10cm（4 吋），若超過 10cm 以上操作極易疲勞，應設法改良工作方法。腳動作符號 FM = 8.5 TMU，若為需使力的腳動作時，則為 FMP，而 FMP = FM＋APA = 19.1 TMU。

 ## 8.4.13　腿動作(leg motion)-LM

　　腿動作是一種以膝或臀為支點，小腿及大腿作任意方移動，其主要目的是移動腿到一目的地，而不是移動身體軀幹。腿部運動距離一般均在 15cm（6 吋）以內，符號 LM = 7.1 TMU。若運動距離超過 15cm（6 吋）時，每增加 1cm（1吋）增加 0.5(1.2)TMU，如腿運動 18cm 符號為 LM18 = 8.6 TMU。

 ## 8.4.14　橫步(sidestep)-SS

　　橫步為以一步或二步使身體向側面移動的動作，只移動一足或移動一足再靠攏另一足之左右方向運動，不需轉動身體軀幹而直接將身體做側面移動。

1. SS - C1

　　只橫跨一足之動作。其移動距離若在 30cm（12 吋）以內，通常此現象伴隨伸手或搬物基本動作發生，故可不必單獨計算其時間值。當運動距

214

離等於 30cm（12 吋）時為 SSC1 = 17.0 TMU，超過 30cm（12 吋）時，每增加 1cm（1 吋）增加 0.2(0.6) TMU。如 SS34C1 = 17.8 TMU。

2. SS - C2

橫跨一足再靠攏另一足之動作。此可視為 SS - C1 之雙倍運動，其移動距離等於 30cm（12 吋）時為 SSC2 = 34.1 TMU。若超過 30cm（12 吋），每增加 1cm（1 吋）增加 0.4(1.1) TMU。如 SS34C2 = 35.7 TMU。

 ### 8.4.15　彎腰(bend)-B

彎腰為從直立之姿勢將身體向前傾，使手能到達膝蓋或膝蓋以下的位置，但仍是雙膝是直立的。若手未低至膝蓋或膝蓋以下，則不算彎腰動作，B = 29 TMU。

 ### 8.4.16　彎腰起立(arise from bend)-AB

彎腰起立是身體由彎腰回復至原來直立姿勢的動作，也就是彎腰的逆動作，AB = 31.9 TMU。

 ### 8.4.17　蹲身(stoop)-S

蹲身為從直立之姿勢將身體向下彎，同時雙膝彎曲，使手能觸及地面的動作。與彎腰之區別是，蹲身時雙膝必是彎曲且手能到達地面，而彎腰時雙膝是直立且手部通常僅能到達膝蓋或膝蓋稍下，S = 29 TMU。

8.4.18　蹲身起立(arise from stoop)-AS

蹲身起立是由蹲身回復至原來直立姿勢的動作，也就是蹲身的逆動作，AS = 31.9 TMU。

8.4.19 單膝跪地(kneel on one knee)-KOK

單膝跪地為向前或向後移動一足,同時向下移動身體,使一膝蓋跪至地面的動作;此時,身體的重量落在一膝及一足上,而另一足則用來維持身體的平衡,KOK = 29TMU。彎腰、蹲身與單膝跪地所需時間相同。

8.4.20 單膝跪地起立(arise from kneel on one knee)-AKOK

單膝跪地起立是由單膝跪地回復到直立姿勢的動作,也就是單膝跪地的逆動作,AKOK = 31.9TMU。彎腰起立、蹲身起立與單膝跪地起立所需時間相同。

8.4.21 雙膝跪地(kneel on both knees)-KBK

雙膝跪地為向前或向後移動一足,同時向下移動身體。使一膝跪至地面後,再跪另一膝的動作,身體的重量完全落在雙膝上,而雙足則用來維持身體的平衡,KBK = 69.4 TMU。

8.4.22 雙膝跪地起立(arise from kneel on both knees)-AKBK

雙膝跪地起立是由雙膝跪地回復到直立姿勢的動作,也就是雙膝跪地的逆動作,AKBK = 76.7TMU。

8.4.23 坐下(sit)-SIT

坐下是將站立的身體向下運動落在座位上,使身體重量為椅子所承受的動作。坐下動作於身體落於座位即完成,不必再移動手臂、腿或臀部後退,如有此附屬動作應另行分析增加時間。SIT = 34.7 TMU。

8.4.24　站立(stand)-STD

　　站立是將身體從坐在座位上，改成為直立姿勢之動作，身體重量由椅子轉至雙腿，在椅子前使身體成為站立姿勢，STD = 43.4 TMU。

 ## 8.4.25　轉身(turn body)-TB

　　轉身係指移動足部以一步或二步轉動身體作 45°～90°之迴轉，使身體朝向一新方向之動作。轉身角度必大於 45°，若小於 45°時不必單獨計算轉身之時間，通常會伴隨其他基本動作發生。若旋轉角度需超過 90°時必作 2 次轉身方可達成。轉身的基本動作有兩種：

1. TBC1：移動一腳即可完成轉身動作，TBC1 = 18.6 TMU。

2. TBC2：移動一腳轉動身體，另一腳再跟上或靠攏，可視為 TBC1 的兩倍時間，故 TBC2 = 37.2 TMU。

 ## 8.4.26　行走(walk)-W

　　行走為一連串交錯的腿動作，使身體向前或向後移動以到達一新位置。正常行走係指所經之路徑地面平坦無障礙者，行走時間有以距離或以步數計算者。

1. **W - M**：正常行走以公尺計算，每公尺 17.4 TMU，如：W5M = 87.0 TMU。（若以呎計算，每呎 5.3 TMU，如：W5FT = 26.5 TMU。）

2. **W - P**：正常行走以步(pace)計算，通常每步約 85cm（34 吋）為 15.0 TMU，如：W5P= 75.0 TMU。

3. **W - PO**：行走之路徑有障礙(obstructed)者，例如行走路面為泥寧地、沙地、滑溜地、坑洞不平之地、路徑彎曲、前後或左右有大的固體障礙物阻撓（如工廠中機械、工作台等形成障礙）等現象，此時行走需增加時間去克服障礙，故每步需時較正常行走稍多，為 17.0 TMU，如：W5PO = 85.0 TMU。

4. 重量負荷

以上分析情況是在無負荷或負荷在 2.2kg（5 磅）以內，不同重量負荷的數據如下：

表 8.16　公制行走負荷數據表

負荷 Kg	每步距離 cm	每步時間 TMU	每公尺 TMU
0～2.2Kg	86cm	W1P=15.0	W1M=17.4
2.3～15.8Kg	76cm	W1P3=15.0	W1M3=19.7
15.9～22.5Kg	61cm	W1P16=15.0	W1M16=24.6
22.5Kg 以上	61cm	W1PO23=17.0	W1MO23=27.9

表 8.17　英制行走負荷數據表

負荷 LB	每步距離吋	每步時間 TMU	每呎 TMU
0～5lb	34"	W1P=15.0	W1FT=5.3
5.1～35lb	30"	W1P6=15.0	W1FT6=6.0
35.1～50lb	24"	W1P36=15.0	W1FT36=7.5
50lb 以上	24"	W1PO51=17.0	W1FTO51=8.5

8.4.27　文字閱讀(reading)

文字閱讀基本上為眼睛動作時間，係一連串視線轉移(ET)或視線注視(EF)所構成。但為方便衡量起見，甚少由 ET 與 EF 時間值計測之，而是依閱讀材料之複雜性，文章每行之長度及字體之大小等因素而定。

文字閱讀公式一般以每字 5.05 TMU 計算，例如文章中有 20 個英文單字(words)，則閱讀時間＝5.05 TMU×20＝101.0 TMU。此閱讀公式應用於，閱讀為整個操作過程的一部分時，如為長時間閱讀則不適用。

8.4.28 文字書寫(writing)

文字書為基本上是一系列的搬物(M)與對準(P)的基本動作。一般書寫狀況為字母與數字高度不超過 1 吋,且正常速度寫草寫體或印刷體時,並非特別小心劃成。每一搬物 MfC = 2.0 TMU,每一對準 P1SE = 5.6 TMU,然而在小心書寫情況,如畫藍圖時可為 P2SE。

1. 書寫之搬物 M 時機

(1) 將筆移至開始下筆之新的筆劃位置。

(2) 書寫直線筆劃。

(3) 書寫曲線筆劃,但其彎度超過半圓,要另計一次搬物。

2. 書寫之對準 P 時機

(1) 每次筆觸紙面時。

(2) 每當搬物(M)之方向突然改變,而有停頓發生時。

無論寫草寫體或印刷體時,只要分析搬物(M)與對準(P)之次數,即可求得時間值。一般將筆移至開始書寫一字所需之搬物(M),歸屬於該字;移筆至下一字所需之搬物(M),歸屬於下一字。書寫的筆劃順序不同時間值會不同。

例如「Methods」的印刷體時間為:$31 \times MfC + 13 \times P1SE = 31 \times 2.0 + 13 \times 5.6 = 134.8$ TMU。其草寫體時間為:$27 \times MfC + 11 \times P1SE = 27 \times 2.0 + 11 \times 5.6 = 115.6$ TMU。

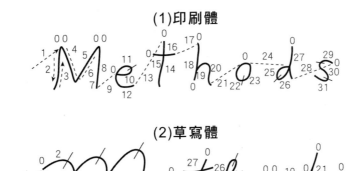

(1)印刷體

(2)草寫體

| 表 8.18 | 印刷體英文字母書寫之 TMU | | | | | |

	M 表示 MfC=2.0TMU			P 表示 PISE=5.6TMU		
印刷體書寫法	A	B	C	D	E	F	G
M	6	7	3	5	8	6	5
P	3	3	1	2	4	3	2
TMU	28.8	30.8	11.6	21.2	38.4	28.8	21.2
印刷體書寫法	H	I	J	K	L	M	N
M	6	2	3	6	3	6	6
P	3	1	1	3	2	4	3
TMU	28.8	9.6	11.6	28.8	17.2	34.4	28.8
印刷體書寫法	O	P	Q	R	S	T	U
M	3	5	5	7	4	4	4
P	1	2	2	3	1	2	2
TMU	11.6	21.2	21.2	30.8	13.6	19.2	19.2
印刷體書寫法	V	W	X	Y	Z		
M	4	8	4	5	4		
P	2	4	2	3	3		
TMU	19.2	38.4	19.2	26.8	24.8		

　　根據字母、數字與標點符號平常出現的頻率，可求出字母、數字與標點符號通用平均時間標準，只要統計書寫的字數與符號數，就可統計出時間值。書寫時要注意字母與數字高度不超過 1 吋，且查表統計之時間值，並不包括閱讀及書寫前，安排書寫格式及位置之時間。

表 8.19　基本書寫時間數據表

基本書寫種類			代號	TMU
字母	草寫體	小寫	BWR-LL-01	15.0
		大寫	BWR-LL-02	24.0
	印刷體	小寫	BWR-LP-01	18.0
		大寫	BWR-LP-02	23.0
草寫體小寫移動到下一字			BWR-MO-01	8.0
每一數字 0～9			BWR-NO-01	18.0
標點符號	長線一、短線-、逗號,		BWR-PL-01	10.0
	句號.		BWR-PP-01	8.0
	分號;、冒號:、引號"、圓括號(、方括號[、驚嘆號!、問號?		BWR-SD-01	17.0
符號	$、%		BWR-NO-01	32.0

8.5　MTM-1 之使用

應用 MTM 系統分析操作時間，簡明精確，不需評比可免除評比不易客觀之缺失，減少作業人員對所訂時間標準的糾紛。可於生產開始前，快速且正確的建立時間標準，極短時間的單元，用馬錶測定無法實施時，可用 MTM 建立。方法研究與時間標準可同時完成，適當的應用方法時間衡量技術，易於實施方法改善。可用於估算勞工成本，幫助訓練操作員熟練工作方法，適用於產品設計時常變更的工業。但是對於部分工作的特殊動作，仍需使用 MTM 專用馬錶，機器加工時間也無法使用 MTM 求算，僅能透過標準數據或時間公式的建立獲得標準工時。

 ### 8.5.1　組合動作

在實際作業中，依據動作經濟原則，兩手同時操作效率較佳，故經常二種或二種以上的基本動作「同時」或「合併」實施。表 8.15 同時動作配合表，說明那些動作在何種情況下，其組合動作是否可能或須要練習方能達成。組合動作可分為下列四種：

1. 連續動作(consecutive motions)是由相同或不同肢體，所完成之單一或一連串互相不重疊之動作。連續動作之符號，依先後順序紀錄於分析表之左手或右手動作欄中，一般將身體動作與眼睛動作也紀錄於右手動作欄中，其中間欄位紀錄 TMU 時間。將 TMU 欄內時間加總即為連續動作時間。例如：

左手動作	TMU	右手動作
	10.0	R20B
	2.0	G1A
	6.8	M10B
	5.6	G2
	2.0	RL1
	26.4	

2. 合併動作(combined motions)是由身體同一肢體在同一時間中，所同時實施的二個或二個以上的動作。由於各動作同時實施，因此要以完成時間最長之動作時間，視為合併動作完成時間，短動作之時間值略去不計。若各動作時間值相等，則可任擇其一表示之，其餘動作略去不計。紀錄於分析表時，所有合併動作都要列出，並在其靠 TMU 欄之側以一弧線連接，並在略去之符號上劃一斜線，在其對應的 TMU 欄劃一橫線，將最長之動作時間紀錄於其對應之 TMU 欄內。例如：

左手動作	TMU	右手動作
M20B	10.5	
~~T45S~~	—	
~~RL1~~	—	
	10.5	

3. 同時動作(simultaneous motions)是由身體的不同肢體在同一時間中，所同時實施的二個或二個以上的動作。雙手同時動作中，以所需時間最長之動作為主，其餘動作略去不計。在實務上顯示雙手同時動作，如移動距離不等，移動距離短的動作不會先完成，在雙手平衡意向情況下，其會放慢速

度而與另一手的動作同時完成。紀錄於分析表時，所有同時動作都要列出，TMU 欄紀錄較長時間，而將略去的動作符號周圍畫上橢圓圈。例如：

左手動作	TMU	右手動作
M12B	10.5	M20B
	10.5	

4. 合成動作(compound motions)是由身體之不同肢體，所同時實施的同時及合併動作。其時間值的計算同時考慮合併動作與同時動作的原則，以最長之動作表示之，短動作之時間值略去不計。例如：

左手動作	TMU	右手動作
	10.5	M20B
	—	G2
M16B G2	10.5	M20B
M20B	10.5	M20B
	31.5	

8.5.2 MTM 分析表

　　MTM 系統是一套相當完整優良的預定時間標準系統，可以預先測定未實際上線生產工作的標準時間，也可用於已經實際上線生產的工作。分析人員必須了解其工作方法及詳細動作，運用前述之基本動作、狀況、重量及距離，查數據表計算其 TMU 時間。但要特別注意，由 MTM 系統所求得的 TMU 是正常時間(normal time)，而非標準時間(standard time)，因此還要考慮加入寬放(allowance)後才能成為標準時間。

　　MTM 分析與馬錶時間研究相同，要有紀錄的分析表格，MTM 分析表格如表 8.20 所示。記錄時除了各單元動作分析符號、TMU 時間值、左右手說明之記錄以外，也要詳細記載所分析工作之一般識別資料，如操作名稱、部門、使用材料、工具、夾具、機械、工作站布置、工作環境條件…等。這些訂定工作標準的基本資料，可作為將來標準異動的參考，避免工會或勞資爭議的發生。因此表格中的記載可增列資料或以實際情況調整之。

表 8.20　MTM 分析表

MTM 分析表						
單元名稱：		機器：			第　　頁共　　頁	
起始動作：		工具：			部門：	
操作內容：		材料：			分析人員：	
結束動作：		日期：　　/　　/			審訂者：	
左手說明	F	左手動作	TMU	右手動作	F	右手說明

習 題
Exercise

一、選擇題

1. （　　） MTM 中的 3589TMU 相當於：　(A)3 分 58.9 秒　(B)3.589 秒　
   (C)2 分 9.2 秒　(D)21 分 32 秒　(E)3 小時 35 分 20 秒。

2. （　　） MTM 的時間單位為 TMU，1TMU=　(A)0.01 分　(B)1 秒　(C)0.1
   秒　(D)0.00001 小時　(E)0.0001 小時。

3. （　　） 伸右手 12cm 到左手上之戒指處的 MTM 符號寫法為：　(A)R12A
   (B)R12B　(C)R12C　(D)R12D　(E)R12E。

4. （　　） 搬動鉛筆 12cm 以便插入筆架的 MTM 符號寫法為：　(A)M12A
   (B)M12B　(C)M12C　(D)R12B　(E)R12C。

5. （　　） 轉動音量旋扭 60° 的 MTM 符號寫法為：　(A)R60B　(B)M60C
   (C)T60S　(D)T60L　(E)EF。

6. （　　） 推動桌上之鉛筆盒 16cm 的 MTM 符號寫法為：　(A)M16A
   (B)M16B　(C)M16C　(D)R16B　(E)R16C。

7. （　　） 方法時間衡量(MTM)制度，乃由下列何人所創設？　(A)泰勒
   (Taylor)　(B)吉爾伯斯(Gilbreth)　(C)賽格(Segar)　(D)梅那特
   (Maynard)　(E)奎克(Quick)。

8. （　　） 一個 TMU 之時間為：　(A)0.1 秒　(B)0.0006 分　(C)0.01 秒
   (D)0.036 分　(E)0.001 小時。

9. （　　） 工作衡量的方法，可以分成直接法與間接法兩大類。直接法係指
   直接觀測生產活動的時間經過之方法，下列何者屬於直接法？
   (A)WF (work factor)　(B)工作抽查(work sampling)　(C)PTS
   (predetermined time standard)　(D)標準資料法(sandard data
   method)　(E)MTM (method time measurement)。

10. （　） 抓住平放桌上之一元硬幣的 MTM 符號寫法為： (A)G4C (B)G1C1 (C)G1A (D)G1B (E)G3。

11. （　） 為何方法時間衡量(MTM)技術的專家認為標準工時不需加入疲勞寬放？ (A)因為 MTM 專家認為疲勞寬放不應發生在高科技行業 (B)因為在發展 MTM 數據時，主要是量測標準員工工作 8 小時之平均動作時間，已將疲勞寬放因素考量在內 (C)因為 MTM 專家發展出另外一套疲勞寬放之標準 (D)因為 MTM 專家被證明是錯誤的 (E)以上皆非。

12. （　） 使用 MTM-1 來量測標準工時，其中某基本動作為 R20B，其意義為： (A)伸手 20cm 至目標物，其目標物所處位置有其他物件，所以必須發生尋找與選擇 (B)伸手 20cm 至目標物，其目標物所處位置固定 (C)伸手 20cm 至目標物，其目標物所處位置會略有變動 (D)從右手移動目標物 20cm 至左手 (E)移動目標物 20cm 至一大略的位置。

13. （　） 使用 MTM-1 來量測標準工時，其中某基本動作為 R50B，經查表 R50B 為 18.4TMU，則其時間長度為何？ (A)18.4 秒 (B)18.4 分鐘 (C)18.4×0.001 小時 (D)18.4×0.0001 小時 (E)18.4×0.00001 小時。

14. （　） 預定動作時間標準法(PTS)所設定的時間為： (A)觀測時間 (B)正常時間 (C)標準時間 (D)寬放時間 (E)評比時間。

15. （　） 「伸手到距離 26cm 處無固定位置之目的物，手到達時仍在運動狀態」，其 MTM 符號為何？ (A)R26B (B)M26B (C)R26Bm (D)M26Bm (E)m26BM。

16. （　） 在預定動作時間標準法(PTS)中，用什麼符號代表「空手之移動」？ (A)R (reach) (B)M (move) (C)G (grasps) (D)RL (release) (E)P (position)。

17. （ ） MTM 法的時間衡量單位 TMU 等於幾小時？ (A)百分之一 (B)千分之一 (C)萬分之一 (D)十萬分之一 (E)百萬分之一。

18. （ ） 工作因素法考量的影響手工動作時間的變數不包括哪一個？ (A)身體部位 (B)工作環境 (C)運動距離 (D)重量 (E)人力控制。

19. （ ） 在以 MTM 分析動作時，每一 TMU 之時值為： (A)0.036 秒 (B)0.036 分 (C)0.0006 秒 (D)0.006 分 (E)0.36 秒。

20. （ ） 在 MTM 研究中，以螺絲起子對準一字型螺絲動作分析為： (A)P1SSE (B)P1SD (C)P1NSE (D)P1SE (E)P2NSE。

21. （ ） 拳頭向下 18 公分敲下桌子的 MTM 符號為： (A)R18A (B)R18B (C)M18A (D)M18B (E)M18C。

22. （ ） T100M 其中 100 表示： (A)移動 100 公分 (B)移動 100 呎 (C)旋轉 100 度 (D)負重 100 公斤。

23. （ ） 請問伸手 20cm 至放置雜亂的目的地，動作開始及結束時手皆靜止應記錄為： (A)R20A (B)R20B (C)R20C (D)R20D (E)R20E。

24. （ ） 請問移物 5kg 的東西 20cm 至精確位置，動作開始及結束時手皆靜止應記錄為： (A)M5-20D (B)M20C-5 (C)M5-20C (D)M20D-5 (E)M20B-5。

25. （ ） 若 mR20B 之時間為 7.1 TMU，且若 R20B 之時間為 10.0 TMU，則 mR20Bm 之時間為多少 TMU： (A)2.9 (B)4.2 (C)17.1 (D)5.8 (E)8.0。

26. （ ） 操作手輪之動作，若旋擺直徑 15cm，抵抗 5kg，則連續旋擺 4 圈應記錄為： (A)15C4-5 (B)4C15-5 (C)4C5-15 (D)5C4-15 (E)15C5-4。

27. （ ） 對準、稍緊、非對稱、操作容易應記錄為： (A)P1SE (B)P2SSE (C)P2NSE (D)P3SD (E)P2NSD。

28. （　） 拆卸一產品，無明顯之反動作，操作困難應記錄為：　(A)D1D (B)D2D　(C)D3E　(D)D3D　(E)D2E。

29. （　） 下列何種動作並不存在？　(A)mM30Cm　(B)mM30Am　(C)mM30C (D)mM30B　(E)M30Am。

30 （　） 向桌上的大頭針伸手 22cm 的 MTM 符號為：　(A)R22A　(B)R22B (C)R22C　(D)R22D　(E)R22E。

31 （　） 移動右腳一步而旋轉身體 90°的 MTM 符號為：　(A)T90M (B)T90S　(C)TBCI　(D)TBC2　(E)W90M。

32. （　） 與馬錶時間研究(stopwatch time study)相比，預定時間標準系統 (predetermined time systems)最大的優點是：　(A)比較簡單　(B) 結果較一致，人為誤差較小　(C)結果不須修正　(D)可以事先預 定，不需計算　(E)以上皆非。

33. （　） 進行某作業的碼錶時間研究，一週期共分成四個單元。結果第一 至第四單元之平均時間依序為 0.15, 0.09, 0.21, 0.26 分鐘，再查 PTS 標準動作時間資料得知第一及第三單元分別為 0.13 及 0.19 分鐘，請利用合成法決定評比係數。　(A)0.87　(B)0.89　(C)1.10 (D)1.13。

34. （　） 可顯示機器之運轉和閒置週期與共同操作該機器的多位作業員之 每週期閒置和操作時間之間的確切關係，稱之為？　(A)組作業程 序圖　(B)操作程序圖　(C)流程程序圖　(D)人機程序圖。

35. （　） MTM(Methods-Time Measurement)-2 的拿取動作(Get)可細分為幾 個等級？　(A)1 個　(B)2 個　(C)3 個　(D)4 個。

36. （　） 在方法時間衡量(MTM)系統中影響搬運時間的因素除了搬運距離 和重量等條件外，還考慮哪個因素？　(A)搬運物品之大小(B)搬運 物的材質　(C)搬運的角度　(D)動作形態。

37. （　） 伸手至 20 公分處抓取一電話聽筒，其 MTM 符號為何？ (A)M20B　(B)R20BF8　(C)R20A　(D)M20A。

38. （ ） 作業員每天工作 8 小時，其空閒率為 15%，平均績效指標為 110%，日產量為 420 件，試求每件標準時間？ (A)0.883 分 (B)1.257 分 (C)1.143 分 (D)1.069 分。

39. （ ） 在方法時間衡量(MTM)系統中，下列何者並非影響伸手(Reach)時間的因素？ (A)距離 (B)手動狀態 (C)是否需精確執行 (D)站姿／坐姿。

40. （ ） 下列哪一個變數不會影響基本動作「移物 (MOVE)」的時間？ (A)距離 (B)次數 (C)重量 (D)移動種類。

41. （ ） 當手搖刨冰機時，連續搖轉 20 圈才能刨出一碗大碗公冰量，其搖轉重量為 10Kg，搖轉直徑為 50cm，搖轉直徑對應參數(d)為 16.7，重量修正係數(R)為 1.22，重量修正常數(K)為 7.3，則連續搖轉時間(TMU)為多少？ (A)421.1 TMU (B)353.5 TMU (C)322.8 TMU (D)287.4 TMU。

42. （ ） 下列何者不是標準資料法的必要條件？ (A)適當的作業規範 (B)碼錶 (C)相似的方法 (D)相似的設備。

43. （ ） 方法時間衡量(Methods Time Measurement, MTM)所闡述的符號，係便於分解紀錄動作，設計最完善的工作方法，但有些工作之動作並不完全適合於 MTM 分析，下列敘述何者為非？ (A)被機械時間所控制之工作或動作需仰賴碼錶觀測 (B)極小心、精確的工作、設計繪圖工作對於 MTM 方式，碼錶測時更適合 (C)MTM 方式檢測適合用於被機械時間所控制之工作或動作 (D)人以外之操作工作，必須仰賴碼錶觀測。

44. （ ） 在方法時間衡量中，下列何者不是基本動作？ (A)移物(Move) (B)抓取(Grasp) (C)釋放(Release) (D)速度(Speed)。

45. （ ） 下列關於 MTM-1 的描述，何者為非？ (A) MTM-1 中所定義的 1 TMU 等於 0.00001 小時 (B) MTM-1 中所定義的三種移物

(move)，分別為換手、大致位置與精確位置的移動　(C) MTM-1 中所定義的四種伸手(reach)，分別為伸手至固定位置、不固定位置、放置雜亂位置與微小物體　(D) MTM-1 為屬於工作衡量中的合成測量法。

46.（　）在標準資料法中，何者不是標準數據之一？　(A)速度標準數據(Speed standard data)　(B)動作標準數據(Motion standard data)　(C)單元標準數據(Element standard data)　(D)作業標準數據(Task standard data)。

47.（　）在 MTM 系統中，影響安置（安裝）時間之動作，除了考量配合程度與處理（握持）難易程度之外，還須考慮以下何者因素？(A)安置物重量　(B)運動方式（手動狀態）　(C)對稱性　(D)安置頻率。

48.（　）以「預定時間標準」(Predetermined Time Standard, PTS)而言，下列何者為非？　(A) PTS 是一種不需要評比即可訂定標準時間的方法　(B) PTS 是一種用基本動作時間合成標準時間的方法　(C)利用 PTS 時，須先設計出工作方法，再衡量時間，訂為標準　(D)用 PTS 訂定的標準時間值不需再加寬放。

二、實務題組

某製程中需完成「軸承螺帽組立」之工作，其作業項目主要包括：取螺帽放置於夾具中，旋轉軸承至螺帽上裝配襯套、旋緊與置於成品區等三個作業單元，此三作業單元，經 MTM 分析後計算得到正常時間，分別記錄如下表：

作業單元	每一週程（正常時間）
取螺帽置於夾具中	57.1 TMU
旋轉軸承至螺帽上	46.2 TMU
裝配襯套、旋緊與置於成品區	183.8 TMU
合計	287.1 TMU

49. （　） 如果該公司每天工作 8 小時，且每日允許設備保養時間 20 分鐘，領班工作指示時間 10 分鐘，作業員私事寬放時間 24 分鐘，請問該公司的寬放率為多少？　(A)15%　(B)13.5%　(C)12.7%　(D)14%　(E)10%。

50. （　） （承上題）裝配一個「軸承螺帽」的標準時間為多少？　(A)0.21 分鐘　(B)1.8 分鐘　(C)0.15 分鐘　(D)0.19 分鐘　(E)2.2 分鐘。

三、填充題

1. 雙手由貨車上搬運 30kg 貨物 60cm，MTM-1 符號為_____。

2. 旋轉抵抗力 3kg 之門把 120 度，MTM-1 符號為_____。

3. 原子筆蓋套入原子筆，MTM-1 符號為_____。

4. 步行 12 步，MTM-1 符號為_____。

5. KBK 之意義為_____。

6. G1C1 之意義為_____。

7. mR30Em=_____TMU。(R30B=12.8TMU, mR30B=9.9TMU, R30E=11.7TMU)

8. R85B=_____TMU。（R80B=26.9TMU 增加係數 0.28）

9. M20B-10=_____TMU。（M20B=10.5TMU 係數 1.22 常數 7.30）

10. 查 MTM 數據表 R22B 為 _____TMU。

11. 查 MTM 數據表 mR20D 為_____TMU。

12. 查 MTM 數據表 M20Am 為_____TMU。

13. 查 MTM 數據表 M22C25 為_____TMU。

14. 查 MTM 數據表 T120M 為_____TMU。

15. 查 MTM 數據表 APA 為_____TMU。

16. 查 MTM 數據表 AS 為＿＿＿＿TMU。

17. 查 MTM 數據表 G4C 為＿＿＿＿TMU。

18. 查 MTM 數據表 P3SE 為＿＿＿＿TMU。

19. 查 MTM 數據表 ET22/10 為＿＿＿＿TMU。

20. 查 MTM 數據表 D2D 為＿＿＿＿TMU。

21. 查 MTM 數據表 SS16C1 為＿＿＿＿TMU。

22. 查 MTM 數據表 W10FT 為＿＿＿＿TMU。

23. 查 MTM 數據表 RL2 為＿＿＿＿TMU。

24. 試完成下表計算總時間

左手說明	左手動作	TMU	右手動作	右手說明
變握手上的零件並握持住	G2		R8A	伸手至零件的頂端
			G1A	抓取零件
			D2E	拆卸零件的頂端
			mM6C	搬運零件至裝配位置
			RL1	放下零件
			R8A	伸手到左手的零件
放下零件	RL1		G1A	抓取零件
			M8C	搬運第二塊零件至第一塊零件處
			P1SSE	第二塊零件對準第一塊零件
			AP2	加壓
			T135S	把零件翻轉
			EF	檢查零件的底部
			T135S	再把零件翻轉過來

MTM 延伸系統

Work Study:
Methods, Standards and Design

9.1　MTM 系統層次

目前在 MTM 系統中，計有 MTM-1、MTM-2、MTM-3、MTM-UAS、MTM-UAS LEVEL II、MTM-MEK、MTM-MEK LEVEL II、MTM-C、MTM-M、MTM-V、MTM-TE、4M(micro matic methods measurement) 以及 2M(macro matic)，而其中 MTM-1，是其他 MTM 系統的基礎，對於短週程的作業可提供相當準確的時間標準，同時可以實施方法研究，是目前最為廣泛應用的一種。為了配合 MTM 各系統實際應用與分析，依照其運用範圍可區分為：

1. 一般系統：可運用於任何行業，不受行業別的限制均可運用。如：MTM-1、MTM-2、MTM-3、MTM-UAS。

2. 功能系統：針對特種作業方能使用的系統。如：MTM-V 運用於工具機的操作；MTM-M 應用於顯微鏡下的作業；MTM-C 應用於文書作業；MTM-MEK 應用於操作方法與程序均不容易定義的單件產品或小批量的生產作業；MTM-TE 提供電子測試時心智意識及手動作之數據。

3. 特別系統：由使用單位自行發展而導出，限定於某項產品或特定操作的標準數據。

MTM 族系中，如果依其單元結構來分類，MTM-1 為最早於 1948 年發展的系統，有詳細的分析方法，它是以單一動作(single motion)的單元結構，分析結果相當精確。而 MTM 系統的層次，則依其單元結構情況來決定，可區分如下：

1. 單一動作(single-motion)：為第一層次，計有 MTM-1、部分 MTM-C 以及 MTM-TE。

2. 複合動作(multi-motion)：是由二個或二個以上的單一動作所組成，為第二層次，計有 MTM-2、部分 MTM-C 以及 MTM-TE。

3. 組合動作(combination)：是由二個複合動作所組成之單元結構，為第三層次，計有 MTM-3、MTM-UAS 以及 MTM-MEK。

4. 簡單操作：是由二個組合動作所組成之單元結構，為第四層次，計有 MTM-V、MTM-UAS Level II 以及 MTM-MEK Level II。

表 9.1　方法時間衡量分類表

系統種類		單元結構		
		單一動作	複合動作	組合動作
一般系統	MTM-1	V		
	MTM-2		V	
	MTM-3			V
	MTM- UAS			V
功能系統	MTM-M	V		
	MTM-C	V	V	
	MTM-MEK			V
	MTM-V			V
	MTM-TE	V	V	
特別系統		V	V	V

9.2　MTM-2 系統

　　在 MTM 系統中 MTM-1 是最基本的數據，它具有詳細的分析方法與精確的時間標準，但也因其數據頗多，分析的速率較慢，尤其是在需要高度快速與精密配合的企業領域中 MTM-1 之分析速率較不符需要。故於 1963 年到 1965 年國際 MTM 理事會，另發展出第二層次的數據系統，並經德國慕尼黑國際 MTM 理事會的管理協會核准，命名為 MTM-2。MTM-2 以 MTM-1 系統為基礎，分析速度只要 MTM-1 之一半。

　　表 9.2 為 MTM-2 數據卡，MTM-2 系統是由下述 11 類動作所組成：

(1) 取(get)，符號 GA、GB、GC。

(2) 放(put)，符號 PA、PB、PC。

(3) 取重(get weight)，符號 GW。

(4) 放重(put weight)，符號 PW。

(5) 加壓(apply pressure)，符號 A。

(6) 變握(regrasp)，符號 R。

(7) 眼動作(eye action)，符號 E。

(8) 搖轉(crank)，符號 C。

(9) 步行(step)，符號 S。

(10) 腳動作(foot motion)，符號 F。

(11) 彎腰與起立(bend and arise)，符號 B。

表 9.2 MTM-2 數據卡

距　　離	代碼	代碼 cm	GA	GB	GC	PA	PB	PC
≦2”	2	5	3	7	14	3	10	21
2.1”~6”	6	15	6	10	19	6	15	26
6.1”~12”	12	30	9	14	23	11	19	30
12.1”~18”	18	45	13	18	27	15	24	36
18”以上	32	80	17	23	32	20	30	41
	GW1 每 2lb(1Kg)			PW1 每 10lb(5Kg)				
	A	R	E	C	S	F	B
	14	6	7	15	18	9	61

1. 取(get)，符號 GA、GB、GC

　　取動作是伸手、握取和放手的動素合併而成，把手或手指伸向目標物，握取目標物，接著放下目標物。要由數據卡中選出適當的數據時，必須考慮下述三項變數：(a)取動作的狀況；(b)伸手的距離；(c)目標物的重量或其移動的阻力。

(1) GA：當沒有握取動作時，例如僅用手指接觸目標物，是為狀況 A。

(2) GB：若手指有少許的靠握，以控制目標物，是為狀況 B。

(3) GC：若為完全的握取動作，是為狀況 C。

　　影響取的第二項變數是伸手的距離，分為五個等級，單位以英吋表示，有 2、6、12、18、32 五個代碼，如 GA2、GB6、GC18。為了易於了解三種狀況的分辨，可以圖 9.1 說明：

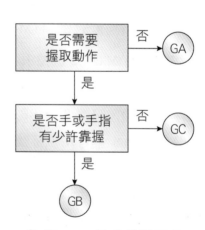

✿ **圖 9.1　取的狀況區分**

2. 取重(get weight)，符號 GW

有效淨重每增加 2 磅（1 公斤），取重 GW 的時間值增加 1TMU，例如：單手取重 4 磅為 GW4 = 2TMU。若雙手取重 12 磅（6 公斤）的物品，則 GW12/2 = 3TMU。

3. 放(put)，符號 PA、PB、PC

放動作是搬物與對準兩項動素合併而成，放的主要目的在於用手或手指移動目標物到達目的地。影響放的變數有三：(a)放的狀況，決定於是否需要「修正動作」；(b)移動距離；(c)目標物的重量或其移動的阻力。

(1) PA：無修正動作。整個放動作從開始至結束，均很圓滑平穩，這種動作包括將目標物放置一旁、抑或將目標物於有停靠的位置、或放置於大概位置。大多數的「放」均屬這一類。

(2) PB：一次修正動作。此狀況大多發生於易於處理的目標物，對準配合程度很鬆的物體。通常很難判斷「放」的動作是否屬於此狀況。對難辨識的「放」可藉由決策圖來協助辨識。

(3) PC：多次修正動作。此狀況包含多次修正動作，或多次短暫之非意願的動作。此狀況的「放」經常發生於目標物難處理、配合程度很緊、接合的物件缺乏對稱性、或不舒適的工作姿勢。

影響放的第二項變數是搬物的距離，單位以英吋表示，如 PA6、PB12、PC32。為了決定放的狀況，可以圖 9.2 示之。

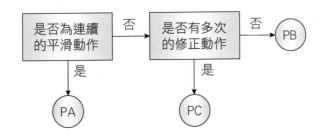

❋ 圖 9.2　放的狀況區分

4. 放重(put weight)，符號 PW

有效淨重每增加 10 磅（5 公斤），放重 PW 的時間值增加 1TMU，例如：單手放重 20 磅為 PW20 = 2TMU。若雙手放重 60 磅的物品 PW60/2 = 3TMU。對放重而言，最大有效淨重為 40 磅（20 公斤）。

5. 加壓(apply pressure)，符號 A

MTM-2 加壓的時間數值為 14 TMU。加壓適用於身體的各部位，且最大的容許移動距離為 1/4 吋(6.4mm)。

6. 變握(regrasp)，符號 R

變握（再握取或重握）的時間為 6TMU，變握必須是手仍維持控制著目標物方為有效。

7. 眼動作(eye action)，符號 E

眼睛動作的時間數值為 7TMU，但必須是眼睛動作，與手或身體動作無關時，才可將此時間數值納入正常時間。眼睛動作適用於下列兩種情況：(1)眼睛移動：當操作的範圍很廣時，眼睛需移動，以觀看各操作的情形；(2)眼睛注視：當眼睛必須集中注視一目標物以辨識其特性時。

8. 搖轉(crank)，符號 C

當手或手指將一目標物沿一圓形途徑移動，且移動的距離超過 1/2 圈時，即為搖轉動作。若移動的距離小於 1/2 圈，則為「放」的動作。搖轉所需的時間受搖轉圈數和目標物的重量（阻力）影響，每轉一整圈的時間值為 15 TMU。若目標物很重或需要克服的阻力很大時，則尚需以放重來加計時間值。

9. 步行(step)，符號 S

步行動作的時間值為 18TMU。步行動作的時間值是以 34 吋的步伐而訂的。若移動的目的是要變換身體位置，或腿的移動距離大於 12 吋時，就是步行動作 S。

10. 腳動作(foot motion)，符號 F

腳動作的時間值為 9 TMU。若不是要變換身體位置，且腿的移動距離小於 12 吋時，就是腳動作 F。

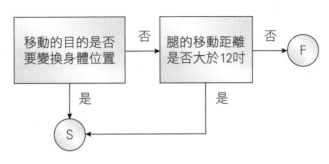

❀ 圖 9.3 步行與腳動作的區分

11. 彎腰與起立(bend and arise),符號 B

當身體改變其垂直的姿勢時,即為彎腰與起立動作。通常彎腰與起立的動作包括坐下與站起來、跪下與站起來,時間數值為 61TMU。若為雙膝跪地,則為 2B。

9.3 MTM-3 系統

1967～1969 年間瑞典 MTM 協會另發展出第三代系統,它是簡化 MTM-1 的基本動作及變數而研究出來,並於 1970 年在德國漢堡由國際 MTM 理事會的管理協會予以核准,命名為 MTM-3。MTM-3 具有下列特性:(a)其使用方法與 MTM-2 方法雷同;(b)具有 MTM-2 之基本特性,其方法描述並更精簡;(c)與 MTM-1 比較,在每分鐘之 95%信賴水準中僅有 ±5%的誤差,故亦較 MTM-2 精確的預定時間標準;(d)與 MTM-1 比較,其分析速度只要 MTM-1 之 1/7,故亦較 MTM-2 分析快速。

MTM-3 系統數據資料如表 9.3 所示,較 MTM-2 系統更簡化,是由下述四個動作所組成:

(1) 操縱(handle),符號 H。

(2) 運送(transport),符號 T。

(3) 步行與腳動作(step and foot motion),符號 SF。

(4) 彎腰與起立(bend and arise),符號 B。

表 9.3 MTM-3 數據表

距離	代碼	HA	HB	TA	TB
≦6"	-6	18	34	7	21
>6"	-32	34	48	16	29
		SF	18	B	61

對於 MTM-3 的動作，茲略述如下：

1. 操縱(handle)：以手或手指控制目標物，並將此目標物放置於新的位置。

2. 運送(transport)：以手或手指將目標物放置於新的位置。

　　要由上面的數據表中選出適當的數據，必須考慮下列兩項變數：

(1) 操縱或運送的狀況：操縱或運送的狀況決定於矯正動作發生次數的多寡，如需要 2 次或 2 次以上的矯正動作，為狀況 B，如 HB、TB。如不需要或只要 1 次的矯正動作，為狀況 A，如 HA、TA。其決策模方式說明如圖 9.4。

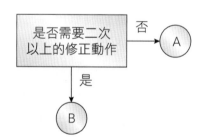

✿ 圖 9.4　操縱與運送狀況的區分

(2) 目標物移動的距離：移動目標物的距離，6 吋與 6 吋以下代碼為 6，6 吋以上代碼為 32。

3. 其他兩類動作 SF（步行和腳動作）和 B（彎腰與起立），和 MTM-2 相同。

　　自從 MTM-2 和 NITM-3 被推介引用以後，各國的金屬工業、製造工業、電動、電子裝配等業，以及政府機構和事務人員，均廣為應用效果良好。

9.4 單位預定時間標準(MODAPTS)

單位預定時間標準(MODular arrangement of predetermined time standards, MODAPTS)係由澳洲 PTS 協會於 1966 年發展而成的第三代數據，此系統的特別之處，是利用人體動作與時間標準之間的關係來建立的數據，並且以人體基本動作的時間為衡量單位，僅有 21 個數據，容易學習便於應用，而且一致性高。

MODAPTS 的時間單位不同於 MTM，而稱為標準單位（module，簡稱MOD）。MOD 是人體基本動作的衡量單位。

$$1 \text{ MOD} = 0.129 \text{ 秒(NS)}$$
$$= 0.00215 \text{ 分(NM)}$$
$$= 0.0000358 \text{ 小時(NH)}$$

上述秒、分、小時之轉換，所得到的時間為正常時間(normal time)，並未包括寬放在內。如果以 10.75%的寬放率計算，MOD 可以用下列的方式轉換成標準時間。如此 MOD 的時間轉換容易記憶且方便適用，如要使用其他的寬放率也容易調整。

$$1 \text{ MOD} = 1/7 \text{ 秒}$$

MODAPTS 之特點有：

(1) 所使用的單位 MOD 是人體基本動作的衡量單位。

(2) 除以符號表示動作外，並以數字表示其時間或工作量。

(3) 手運動(movement)不須考慮運動距離，只須分析手的那一部分運動即可，較其他系統簡單。

(4) 數據卡以圖像方式表示，容易記憶。

　　MODAPTS 數據卡上共有 21 個小方塊，但僅有 8 個不同的數值（0、1、2、3、4、5、17、30）其單位為 MOD，每個小方塊中附有圖像及數文字，方塊中之英文字母代表活動狀況，而方塊中之數字表示活動之時間值。如果能了解圖像之意義，並記憶其英文字母及數字，無須數據卡也能靈活運用此系統。

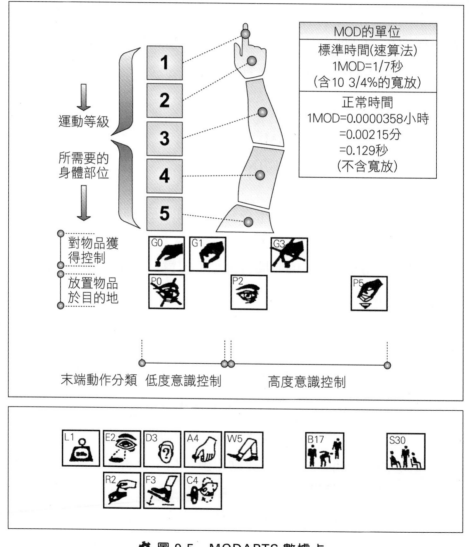

✿ 圖 9.5　MODAPTS 數據卡

MODAPTS 將人體之活動分為運動(movement)、末端動作(terminal motion)及其他活動三類。在一般之操作中,最常運用之活動為身體的運動與末端動作,此二類活動係連續出現,在一運動之後接著有一末端動作。運動係指手指、手腕、前臂、上臂與伸臂五個等級,所需之時間值分別自 1~5 MOD。末端動作係指運動末端所實施之動作,共有 6 種狀況。分為取與放兩種,取是指控制目標物,放是指放置目標物,其所需時間值依意識控制程度而不同。數據卡末端動作圖像之下方,將此類活動分為「低度意識控制」及「高度意識控制」兩部分。其他活動指重量因素、眼之使用、變握、決心與反應、足動作、加壓、搖轉、行走、彎腰與起立、坐下與站立,其所需時間值可由數據卡圖像直接查出,其中坐下與站立;彎腰與起立需分別計次計時。

1. 運動

低度意識控制活動的運動,可分為五個等級:

(1) 手指運動,符號為 M1 或 1,時間為 1MOD:以手指與手關節為支點之手指運動。如簡單靠緊手指握取物品。

(2) 手腕運動,符號為 M2 或 2,時間為 2MOD:以手腕關節為支點之手及手指運動。如將原子筆套上筆套。

(3) 前臂運動,符號為 M3 或 3,時間為 3MOD:以肘關節為支點之前臂、手及手指運動。如前臂之運動。

(4) 上臂運動,符號為 M4 或 4,時間為 4MOD:以肩部關節為支點之手臂、手及手指運動。如上臂之運動。

(5) 伸臂運動,符號為 M5 或 5,時間為 5MOD:須將臂伸展之運動,此時肩部肌肉有較多之運動,如臂未伸展,而動作係由身體幫助完成者,非屬伸臂運動,故伸臂運動與上臂運動較易判別錯誤,伸臂運動通常於下述各種狀況中發生:伸手至高處(如料架)取物及將手收回時;伸臂至工作檯之旁遠處,當手與工作檯邊所成之角度大於 45 度時;伸臂自一方完全橫越過身體至另一方向時。

符號 M1、M2、M3、M4、M5 在分析表中,M 一般可省略不寫,僅寫數字 1、2、3、4、5 即可。

高度反復性之往復運動：如鋸、銼、擦及敲擊等操作，常有高度反復性的「往復」運動現象。此類活動並無末端動作，此類高度反復性運動之分級，視活動係身體何部運動，而採用其次一級運動為其等級。例如：

(1) 手腕運動(1MOD)：相當於 1 吋的手指運動。

(2) 前臂運動(2MOD)：相當於 2 吋的手運動。

(3) 上臂運動(3MOD)：相當於 4~6 吋的前臂運動。

如以手指實施之短距離往復運動，係以指關節為支點，距離約為 1/2 吋之運動（例如手握橡皮，擦去紙上錯字之動作）其時間為 1/2MOD。

2. 末端動作

末端動作分為兩類：

取(get)：對物品獲得控制。發生於手或手指運動至物品之後。可分為三種狀況：

(1) G0：以手或手指與物品接觸而獲得對物品控制的狀況。所需時間為零，是取之最簡單狀況，此種動作僅需低度意識控制。

(2) G1：簡單靠攏手指即可對物品獲得控制者，所需時間 1MOD，此種動作亦為低度意識控制。

(3) G3：取之動作較一次簡單靠攏手指為多者，時間為 3MOD。在數據卡之 G3 圖像中，在簡單靠攏手指之圖上畫上「×」符號，表示此種動作不能以簡單靠攏手指來完成。G3 是一種高度意識控制的動作。

放(put)：放置物品於目的地。發生於以手或手指將物品運動至大概位置之後。可分為三種狀況：

(1) P0：無須眼睛控制的放動作，時間為零。在數據卡之 P0 圖像中，畫有眼睛及「×」符號，表示此種動作無須眼睛控制。此種狀況並無特定之目的，將一物品靠於一定位件亦屬 P0。P0 實施時，並無猶豫或修正動作發生，為低度意識控制動作。

(2) P2：放物時必須用眼睛控制，並有一次修正動作者謂之 P2，時間為 2MOD。實施末端動作時，有猶豫、改變方向及放物時之小調整動作，謂之修正動作，P2 為高度意識控制。

(3) P5：放物時必須用眼睛控制，且有多於一次修正動作者。需要多修正動作通常由於：相配合之截面為不對稱形狀；物品握持困難；二物之

配合為密配合。因為相配合之二物的截面形狀若不對稱時，須經對準及定位才能契合，所以會發生多次之修正動作。在數據卡之 P5 圖像中，是把一不等邊三角形塊狀物放置於一三角形之孔中。

兩物相接合時，如插入距離不超過 1 吋，插入時間已包含在「放」動作時間內，如插入距離超過 1 吋，則超過部分須另加一「運動」及一「放」動作（通常為 P0）。

符號 G0、G1、G3、P0、P2、P5 在分析表中，G 與 P 一般可省略不寫，僅寫其數字即可。運動與末端運動此二類活動係成雙出現，在一運動之後跟隨有一末端動作。故在 M、G 與 P 均省略不寫的情況下，要記得此二類活動成雙出現的關係，在 MODAPTS 分析表中由說明欄能記載清楚，就很容易分辨省略的 M、G 或 P。

3. L1 重量因素(load factor)

重量因素決定於每手之有效淨重，與 MTM 一樣。實施「放」動作時，每手之有效淨重每 8 磅應給予 1L1（即 1MOD），每手有效淨重小於 8 磅時不予考慮，重量如有小數時，應進位至整數，例 13.2 磅可視為 14 磅，重量因素如有小數時，亦應進位至次一整數，例 1.4L1 可視為 2L1。重物之搬動時如為沿一平面（地面或工作檯面）滑動時每手每 24 磅重量應給予 1L1。

4. E2 眼之使用(eye use)

眼的使用分成視線集中與視線轉移兩類，而且在其他動作停止時才發生，均以符號 E2 表示，時間為 2MOD。視線轉移之時間以其視轉移角度而異，其最大值為 3E2，因為轉移超過某一角度時，會自動以轉頭來幫助完成。

5. R2 變握(regrasp)

變握是一種手動作，其目的在改變對一物品之握持法改進其對物品之控制，符號為 R2，時間為 2MOD。一個變握僅能包含三個以下（含三個）的短距離運動，變握常與運動同時發生，此時只計算運動時間，變握所需時間通常不予計算。當實施變握而其他動作均停止時，變握時間應予計算。

6. D3 決心與反應(decide and react)

在操作過程中如因狀況需要，操作人員必須作判斷，以決定應立刻採取何種行動，此一立即之反應及下定決心稱之為決心與反應單元，符號為 D3，時間為 3MOD。D3 必須於其他動作均停止時才給予時間。若在檢驗工作判斷合格或不合格時，僅須對不合格者給予 D3 時間即可，因絕大多數均為合格甚少數不合格。

7. F3 足動作(foot action)

以足後跟為支點的足部運動，符號為 F3，時間 3MOD。用足踏下踏板及隨之將足抬起是兩個足動作。如足後跟不作為支點，此動作不是足動作。

8. A4 加壓(apply pressure)

以有控制而漸增的肌肉力量施於物體，克服物體之阻力謂之加壓，符號為 A4，時間為 4MOD。當加壓發生時有短暫的停頓現象發生。當其他活動均停止時，加壓方被考慮。

9. C4 搖轉(crank)

搖轉是用手或手臂使一物體沿圓形途徑運動，且運動超過半週以上者，符號為 C4，時間為 4MOD。搖轉每週為 4MOD，適用於任何直徑之連續搖轉及間歇搖轉。來回磨光金屬表面或攪拌液體等的圓形運動，均屬搖轉動作。搖轉次數非整數時，小數部分應進位為整數。

10. W5 行走(walk)

行走之動作包括向前行走，後退走步，橫向走步及以轉動部分或全部身體等動作。行走係以步計算，每步行走，符號為 W5，時間為 5MOD。當負有重物或在情況不良的路面行走時，其步幅會較負輕物或平坦路面行走時為小。為平衡身體而橫向走步之同時，如須實施長距離上臂運動，則此橫向走步，僅被視為身體幫助，而非行走。行走後繼續實施之手指、手腕、手臂運動均為二級運動，因為行走到最後一步時，手已向物品運動，在行走完成之瞬間，手與物或目的地的距離已甚短，僅手腕之運動即可完成。

足踏踏板可能為 F3 之動作或為 W5 之動作，視足後跟是否停留在地面上而定，即足後跟在地面上為支點時為 F3 之動作，足後跟不停留在地面上時，此動作為 W5。足踏踏板之 F3 或 W5 動作常有 A4 動作發生，是否有 A4 動作，通常視有無施力之短暫停頓判別之。

11. B17 彎腰與起立(bend and arise)

彎腰與起立是一種將軀幹自垂直姿勢彎低及隨後起立的動作，所謂彎腰指彎至手能伸達低過膝部以下之位置，所以彎腰、蹲身、單膝跪及隨後之起立均為彎腰與起立動作，符號為 B17，時間為 17MOD。彎腰與起立完畢之瞬間，繼續實施任何「取」及「放」動作時，其運動均採用二級運動。

12. S30 坐下與站立(sit and stand)

自站立姿勢坐在椅子上及隨後之起立，回復站立姿勢謂之坐下與站立，符號為 S30，時間為 30MOD。坐下與站立包含坐下時用手將椅子拉向前及站立時將椅子推向後等動作，雖然此等動作並非一定發生。

表 9.4　MODAPTS 分析實例

MODAPTS 分析表			共 1 頁第 1 頁	
部　　門	材料線	產　　品	中週變壓器基座	
工作類別	裝配	分析人員		
操作名稱	纏電容器於基座上	核定人員		
標準編號	分析日期	實施日期	廢止日期	
說　　　　明	符　號	頻率	MOD	
右手取電容器（與其他電容器無糾纏情形）	3330	2/3	6	
或（與其他電容器無糾纏情形）	33202030	1/3	4.3	
左手將兩端引線拉直	11,A4,20	1	8	
左手取一基座	31,30,R2	1	9	
將電容器兩引線穿過基座	2212	1	7	
將引線纏於基座的根部（2 週）	2010,A4	2	14	
	2222	2	16	
剪斷多於引線	101210	2	10	
	A4	2	8	
完成品放入材料盒內	30	1	3	
工作位置布置圖及應特別注意事項見背面	合　計(MOD)		85.3	
如上述程序有改變，本標準應予廢止	加 15%寬放時間		12.80	
備註：	標準時間(MOD)		98.10	
	SM=MOD×0.00215			
	標準時間 SM（分）		0.21	

表 9.5 MODAPTS 分析表

MODAPTS 分析表					共 頁第 頁	
部　　門			產　　品			
工作類別			分析人員			
操作名稱			核定人員			
標準編號		分析日期	實施日期		廢止日期	
說　　明			符　　號		頻率	MOD
工作位置布置圖及應特別注意事項見背面			合　計(MOD)			
如上述程序有改變，本標準應予廢止			加　%寬放時間			
備註：			標準時間(MOD)			
			SM=MOD×0.00215			
			標準時間 SM（分）			

一、選擇題

1. （　　） 在 MODAPTS 中 W5 表示：　(A)重量 5kg　(B)重量 5 磅　(C)行走 5MDD　(D)行走 5TMU　(E)行走 5 步。

2. （　　） 下列何者為正確陳述？　(A)MTM-V 適用於工具機之操作分析　(B)MTM-C 應用於顯微鏡下之作業　(C)MTM-M 應用於文書作業分析　(D)MTM-MEK 提供電子測試時心智意識及手動作之數據　(E)以上皆非。

3. （　　） 在 MTM 系統中，特為機械加工作業開發的是：　(A)MTM-1　(B)MTM-2　(C)MTM-3　(D)MTM-V　(E)MTM-C。

4. （　　） 下列符號何者為 MTM-2 系統之動作符號？　(A)R30B　(B)GA15　(C)HA-6　(D)M5　(E)M30C。

5. （　　） 下列符號何者為 MTM-3 系統之動作符號？　(A)R30B　(B)GA15　(C)HA-6　(D)M5　(E)M30C。

6. （　　） 於 MODAPTS 系統中，其標準單位 MOD 為：　(A)0.0036 秒　(B)0.129 秒　(C)1 秒　(D)0.00215 秒　(E)0.5 秒。

7. （　　） MODAPTS 方法所使用基本動作要因有：　(A)17 種　(B)18 種　(C)21 種　(D)22 種　(E)以上皆非。

8. （　　） MODAPTS 系統中，如果 1MOD=1/7 秒則：　(A)只包含正常時間　(B)含寬放率 15%　(C)含寬放率 10.75%　(D)評比為 10%　(E)以上皆非。

9. （　　） 一作業員在組裝的過程中，右手需伸至前方物料架上拿取一螺絲，在拿取螺絲的過程中順便將手中產品丟在成品盤中。假設物料架位於作業員前 20 公分，而成品盤位於物料架與作業員正中間的位

置，請利用下面的 MTM 表格計算從成品放手到取螺絲所需的時間。

伸手－R(Reach)之時間值

距離	時間值(TMU)			手在移動中時(m)		
(cm)	A	B	C、D	E	A	B
10	6.1	6.3	8.4	6.8	4.9	4.3

(A)1.2TMU　(B)2.0TMU　(C)4.3TMU　(D)6.3TMU。

10. (　) 標準數據可細分成三個等級，不包括：　(A)作業(Task)　(B)程序(Process)　(C)單元(Element)　(D)動作(Motion)。

11. (　) 方法時間衡量(Motion and time Study, MTM)的時間單位為 TMU，一項操作共花費了 5,000TMU，請問相當於：　(A)3 分　(B)3.3 分　(C)360 秒　(D)0.3 小時。

12. (　) 單位預定時間標準(MODAPTS)，利用人體動作與時間標準之間的關係建立數據，以人體基本動作時間作為衡量單位(module，簡稱MOD)。下列何者不是單位預定時間標準特點？　(A)除以符號表示動作外，並以數字表示其時間或工作量　(B)正常時間 1MOD=0.129 秒(NS)，必須包含寬放時間　(C)數據卡以圖像方式表示，容易記憶　(D)手運動(movement)不須考慮運動距離，只需要分析手的那一部分運動即可。

13. (　) 應用時間公式(formula construction)來訂立時間標準，下列敘述何者正確？　(A)訂立的時間標準沒有一致性　(B)相類似操作間訂定時間標準的重複工作不能免除　(C)以此方法來訂定時間標準較費時　(D)在實際生產開始前，即可以預先、迅速且正確地評估人工成本。

二、問答題

1. MTM-2 系統發展的理由何在，相對於 MTM-1 系統，MTM-2 將動作區分為哪些種類？

2. 若雙手取重 12 磅之重物，則使用 MTM-2 系統之符號應如何紀錄，且時間為多少 TMU 與多少秒。

3. 說明 MTM-2 系統中 PB12 為何意義？

4. 說明 MTM-3 系統中 TB32 與 HB6 為何意義？

5. 說明 MODAPTS 系統中，右手取一零件之動作，其應如何紀錄？

人因設計

Work Study:
Methods, Standards and Design

10.1　人因工程的定義

　　人因工程(Human Factors and Ergonomics)在台灣早期的稱呼為人體工學，一般民眾也比較習慣於這種稱呼，但人體工學容易被誤認為只是一門探討人體外型的學科，後來經過學者討論後統一為人因工程。Ergonomics 源自於希臘語，Ergo 意思為工作，nomos 意思為法則，工作法則學意謂著以系統導向的觀念運用在人類各項活動的一門學問。根據 Sanders 與 McCormick(1993)對人因工程的定義為：「人因工程就是發現和應用人類行為、能力、本能限制及其他的特性等相關資訊來設計工具、機器、設備、系統、任務、工作及相關的周遭環境，使人類能增加生產力、安全性、舒適感和有效率」。簡單的說，人因工程就是探討人類與工具、機器、設備、系統、任務、工作及相關的周遭環境之間交互作用的關係，以及如何去設計這些會影響到人的事物及環境，其目標在於提高人們活動和工作的效果(effectiveness)和效率(efficiency)。從另一個角度來看，就是「以物就人，而非以人就物」，如何使工作與設備適合使用者的能力與限制，而不是使用者去配合工作與機器的需求，這一原則是人因工程的基本精神。人因工程的理念承認人有個別差異現象，所以每個人在生理及心理方面的能力都會有先天的限制，人因工程希望設計出適合人們的使用的物品，而不只是單單在追求工作效率而已。

　　人因工程的重要性，以下舉五個案例說明。

案例一： 1979 年，位於美國賓州三哩島核電廠發生事故，主要為緊急飼水泵無法打開，緊急輔助水無法送入，只好洩壓灌入冷水來帶走爐心熱量。但工作人員後來忘了將洩壓閥關閉，導致反應爐冷水大量流失，加上誤判冷水流失的信號，直至發現再為爐心補水時，反應爐損壞已十分嚴重，此時已有一半核燃料融化。三哩島事故為嚴重的人為失誤及設計未妥善，所以美國核能管理委員會事後特別強調設計應注重避免人為失誤與加強人機系統介面的設計。

案例二： 1994 年，台灣某航空公司客機在機場降落時不幸墜毀，造成 264 人死亡。根據調查結果，空難原因為駕駛員在操縱飛機降落時，不小心誤將飛機設定在「重飛」的自動操作狀態而不知，卻努力用手動操作，想要將機首壓低，但是電腦還在「重飛」爬升自動操作狀

態，故電腦欲糾正駕駛員「錯」的壓低機首的手動操作，結果在電腦與駕駛員操作機首角度的衝突中，飛機向上衝的仰角過大而失速墜毀。之後該客機原廠公司發出維修指令，修改電腦程式以防止駕駛員與電腦互搶操控權而發生衝突。

案例三： 2003 年，台灣某森林鐵路發生近百年來最慘重的翻車死亡意外，滿載旅客的列車，因煞車失靈撞上山壁，造成車廂翻覆，總計造成 17 人死亡、171 人輕重傷。事故現場勘查之後，發現是火車檢車士沒有將連結機車和客車車廂之間貫通煞車系統的「角旋塞」打開，正駕駛、副駕駛在開車之前沒有確實查看「角旋塞」是否開啟，也沒有進行煞車試驗，而列車長沒有查看座位上方的煞車氣壓力表，並進行煞車試驗，由於 4 個人都沒有注意，才會釀成意外，全部都被依業務過失殺人提起公訴，具體求刑 3 年到 3 年 6 個月不等刑期。

案例四： 2006 年，日本發生 2 歲小女孩雙手意外捲入碎紙機，當場有 9 根手指頭全被絞成碎肉的意外，因此台灣消基會特地前往大賣場採樣碎紙機，結果發現 100%的樣品基本標示都不符合規定；另外占 57% 樣品實際觸摸後，有尖銳突出之處，消費者不小心誤觸時，可能發生傷害。消基會建議這類商品應再多一層安全防護，讓兒童不能輕易把手指放入。

案例五： 2007 年，台灣某清潔隊一部垃圾車執行勤務時，某女清潔隊員依平常跟著垃圾車出勤，下午二時十五分時，女清潔隊員欲進入垃圾車內拿清潔工具，垃圾車司機卻看見她比出拇指朝下「下蓋」手勢，以為她要他關門，垃圾車司機誤以為車內無人，於是按下清潔車後蓋門，沒想到女清潔隊員並未奔出車外，當場被蓋門夾死。司機到案後，心情十分低落，因為死者也是他的同事。

從以上案例可知，從天上到地上，從高科技到日常生活，從成年人到小孩，都充斥著人類因為「疏忽及不小心」而發生的人為失誤，而這些人為失誤所造成的後果十分嚴重，不僅讓自己受傷害，也會讓社會大眾受到危害，事實上這些「疏忽及不小心」的人為失誤，其實都可以導入人因工程的思維而加以避免，所以人因工程對於「人機系統(man-machine system)」之間的關係是十分重視的。

　　人機系統又可稱為「人員機具系統」，「人」可以是一個人或是多個人；而「機」則泛指任何型態的機具、工具、機器、產品、設備、程序、系統、任務、工作、工作站、裝置、設施等，例如人和一支筆、一把鋤頭、掃把、吹風機、吸塵器；或是人和一部腳踏車、摩托車、汽車；或是人和核電廠、飛機、火車、碎紙機及垃圾車等其他人們用來執行某工作的任何物品，當然人和機具之間也離不開周遭的工作環境，所以人因工程也必須考量環境對人機系統的影響，故以人駕駛汽車為例，典型的人員與機具的互動關係如圖10.1所示。

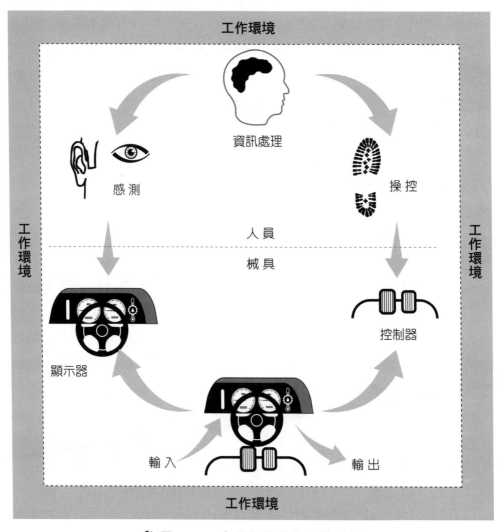

🔧 **圖 10.1　人員與機具的互動關係**

若以人員與機具的互動程度多寡，人機系統還可以區分為：動力來源來自於人員自身體力的人工系統(manual system)；動力來源來自於機器，而人員本身只負責控制的機械系統(mechanical system)；人員扮演的角色為程序設定、操作、監控與維護工作的自動化系統(automated system)等。

工作現場改善導入人因工程並不容易，因為雇主會考量改善的成本是否划算，而勞工則是常常會因沒有安全感而抗拒新方法的改變。所以近來強調參與式人因工程來解決現場的改善問題，也就是讓人員有機會參與系統的分析設計和問題解決，其為一種專案性組織活動，此專案性組織活動的成員必須學習分析現場資料與導入人因工程原理原則的工具、知識、方法與技術來進行改善，例如品管圈活動。有兩種參與式人因工程的工作現場改善概念，一種為微觀人因工程(microergonomics)乃是針對設備或是改變工作姿勢來減少人員工作負荷，另一概念為宏觀人因工程(macroergonomics)或組織人因工程，是強調將整個任務、系統或組織的重新設計。但惟兩者兼具同時為之，才能真正達成增加生產力、安全性、舒適感和有效率與達到持續改善的目的。

10.2　人體計測學與設計策略

要設計一個符合人員與機具的人機系統，一定要先瞭解使用者的族群是什麼？是小孩、少年、青年還是老人？是男生還是女生？而且每個使用者族群還有分高矮胖瘦，而不同的年齡、性別、種族、年代與職業，更有不同的特徵與分布，所以對每個設計人員而言，「人體計測學」是十分重要的。人體計測學(anthropometry)是結合希臘文的人類(anthropos)和測量(metron)兩字而得，其意義為量測人類身體各項特徵，身體各項特徵包含了外表看得見的身體距離、圍度、角度、表面積及肢體可及距離……等，以及生理方面的耗氧量、心搏率、能量消耗、反應速度……等。

人體計測學的資料與人類日常生活的器具設備關係十分密切，範圍涵蓋了食、衣、住、行、育與樂，例如桌椅、成衣、鞋子、眼鏡、頭盔、口罩、

護目鏡、操控面板、枴杖、輪椅、廚衛、機械設備、工作台、飛機及槍砲坦克等等的設計，這些設計都是讓人使用或操作的，如果未按照人體計測資料來設計，使用起來將會十分吃力且容易發生危險，所以各行各業都需要人體計測學的資料，才能製造出符合人類需求的產品。由於人體計測學在日常生活與工作上的重要性，世界各先進國家都大力著手進行建立該國人民的人體計測資料庫，人體計測資料庫之完備及應用普及程度，不僅可以代表一個國家的發展水準，也代表一個國家的生活品質已受到重視。但是很不幸的，我們日常生活所使用的物品很多都來自國外，其設計尺寸皆源自該國之人體計測資料，致使本國民眾容易在使用上的不方便，例如台灣民眾所穿的成衣就不適合以美國人的人體計測資料來設計，因為人體計測資料具有地域性，所以近年我國勞動部勞動及職業安全衛生研究所已開始推動勞工人體計測資料的調查與量測。

人體物理尺寸可分為靜態人體計測(static anthropometry)與動態人體計測(dynamic anthropometry)二大類。靜態人體計測係指人體在靜止標準化的穩定姿勢下，量取身體各部位的尺寸，可應用於一般器具的設計，例如眼鏡、手工具、防護面具、工作桌椅、工作站與服裝的設計；而動態人體計測主要在量測人體處於活動狀態下，各部位間的動態活動角度與尺寸之量測，可作為零件位置、機器設備及工作環境等之設計。一般應用人體計測資料來進行設計，可分為以下的三種設計原則：

10.2.1　極端的設計(extreme design)

極端的設計也就是希望設計適合最大與最小的人。可分為最大群體值設計與最小群體值設計。例如最大群體值設計是以人體計測資料的較大尺寸或重量的百分比數值（例如第 95 百分位數）來作為設計的基準，例如出入口大小的設計，如果具有第 95 百分位數身高的人可以通過，這尺寸將可容納百分之九十五的人，那麼比較矮的人要通過也就沒問題了，例如公車車頂高與浴缸尺寸也是同樣的道理。而最小群體值設計是以人體計測資料的較小尺寸或重量的百分比數值（例如第 5 百分位數）來作為設計的基準，例如駕駛座前

面音響開關的切換設計，如果具有第 5 百分位數手長的人可以觸摸到，那麼可使 95%手長比較長的人要觸摸到也是沒問題的，例如座椅的深度、掛勾高度也是同樣的道理。那麼剩下沒有列入的人是不是不重要呢？那是因為剩下的人數是非常少的，為了將很少數人的人也納入考慮，那將會使成本提高而所產生的效益卻不大，例如如果把籃球明星姚明先生的身高也考慮納入大門的設計，那個門將會很大，但是像姚明先生身高一樣的人其使用機會不多，因為畢竟像姚明先生身高一樣的人還是極少數。所以人體計測資料進行設計時常以第 5 百分位數及第 95 百分位數為設計基準的原因，主要還是基於成本的考量。

10.2.2　可調的設計(adjustable design)

　　人機系統的介面最好設計成可調的設計，這樣就可以減少有些人可以使用，有些人卻不能使用的問題，例如：汽車駕駛座的座椅設計成可前後調整的設計，讓使用者可以依照每個人不同的手腳長短需求來自由調整；一般辦公室的椅子也設計成可上下調整的設計，讓使用者可以依照每個人不同的腳長需求來自由調整；製圖桌則設計成可上下調整的設計，讓使用者可以依照每個人不同的腳長需求來自由調整；有的帽子也可以設計成可調整的設計，讓使用者可以依照每個人不同的頭型大小需求來自由調整。雖然人機系統的介面最好設計成可調的設計，但可調設計的可調範圍也可以進行成本與效益的評估取捨，並不一定需要全部範圍的可調。

10.2.3　平均的設計(average design)

　　平均的設計是最不令人喜歡但是最經濟便宜的設計，尤其是可調設計不可行，極端設計又不適合的情況，此時就不得不以平均值來作為設計基準。例如便利商店的結帳櫃檯就是以平均身高來作為平均設計的基準，這樣的設計可以適用於大多數的人，就算是特別高大或是特別矮小的人，還是勉強可以使用。

10.3 工作站設計與手工具設計原則

10.3.1 工作站設計

以往對於工作站的設計，主要的考量重點都是在於如何提升工作站設備的效率，很少考慮到人的能力是否能與工作來相互配適，所以往往造成工作站設計不良，導致生產品質不良、工作效率低落、工安意外事故增加與職業疾病傷害的發生。若可以應用人因工程於工作站的設計，使人員與工作站能達到最佳的配適，以提高生產品質、提升工作效率、降低工安意外事故與職業疾病傷害的發生。根據 Das 和 Sengupta (1996)於應用人因國際期刊(applied ergonomics)所發表的應用人因工程方法於工作站設計的十個步驟，本文加以增修補充如下：

(1) 經由直接觀察、錄影記錄，或向有經驗的相關員工詢問等方式，蒐集與工作站設計有關的工作績效、設備、工作姿勢與環境等相關資訊。

(2) 將人體計測數據應用於工作站設計。可依照下面的建議步驟：

　(a) 確認工作站和哪些人體計測數據有關。

　(b) 確定工作站的使用者群體。

　(c) 決定工作站將採用極端設計或可調設計或平均設計及採用第幾百分位數。

　(d) 蒐集和工作站使用者群體有關的人體計測數據。

　(e) 以使用者群體來評估工作站實體模型，並視情況作必要修正。

(3) 依據肘高及工作型態來決定工作面的高度。

　　一般可利用與地面平行的前臂（手肘彎曲成 90 度的肘高）當作是參考線，若工作面太高（高於肘高），雙臂要抬高，致使肩膀處於緊張狀態會疲勞；若工作面太低（低於肘高），頸背需向前傾，也會使頸背容易疲勞。

　(a) 對於立姿操作員應該提供可調整的工作面。對於粗重裝配和簡易裝配，可將工作面降低（低於肘高）；對於精密裝配，可將工作面提高（高於肘高）；實務上也可以提供站立平台，硬地板則可加裝軟

墊以防止長時間站立疲勞。相對於坐姿作業,立姿作業的優點為活動範圍大。

(b)對於坐姿操作員應該提供可視工作型態而可調整的工作面,讓前臂可以與地面平行(手肘可略彎曲成大於或等於 90 度),避免雙臂要抬高,背部過度彎曲。整體來說,盡量提供可視個人需要而可調整的工作站,例如可調整的座椅及腳墊等。

(4) 將使用最頻繁的手工具、控制裝置或容器等布置在正常工作區域範圍內,如果有困難,也應布置在最大工作區域範圍內。操作如果需要施力,應將控制裝置或把手布置於最方便操作的位置。如果手部負荷過重,也可以將需較大施力的作業改由腳部來分擔。

(a)以兩手手肘為軸的前臂在水平面及垂直面所畫的圓弧區域謂之正常工作區域(normal working area),這個區域代表著操作最方便的區域,手部的操作應該盡量設計在此一區域。

(b)以兩手的肩膀為軸的手臂在水平面及垂直面所畫的圓弧區域謂之最大工作區域(maximum working area),這個區域代表著操作最大的極限區域,任何手部的操作都不應該再超過此一區域,如圖 10.2 及圖 10.3 所示。

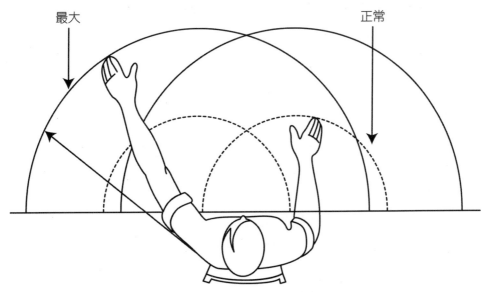

最大　　　　　　　　　　　　正常

❀ 圖 10.2　水平面正常工作區域與最大工作區域

261

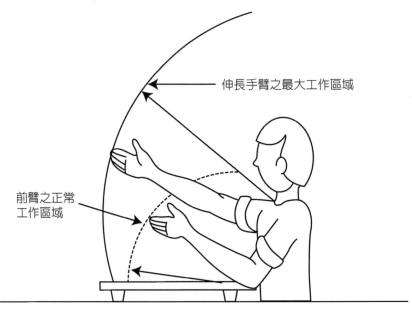

伸長手臂之最大工作區域

前臂之正常
工作區域

✿ 圖 10.3　垂直面正常工作區域與最大工作區域

(5) 為了有利於工作進行，應提供足夠的手肘活動空間，並有適當的餘隙空間方便進出。

(6) 為避免疲勞，顯示裝置應在眼睛水平線下約十五度。

(7) 向具有類似工作性質的單位或人員，請教有關物料及資訊等的需求。

(8) 繪製工作站縮小比例布置圖，來確認各個組件間的配置狀況。

　　在人機系統中各組件的配置，可以依「重要性原則」、「使用頻率原則」、「功能性原則」、「使用順序原則」來設計。例如油料不足對汽車駕駛人非常重要，根據重要性原則，那就應該把油料不足的警示擺在汽車駕駛人最容易看到的地方；看電視常常需要轉台，所以遙控器的使用頻率很高，根據使用頻率原則，所以要盡量放在手邊；根據功能性原則，收音機的選台鈕與頻道顯示裝置宜放在一起，因為都是同樣協助使用者選台，功能一樣。賣鹹酥雞的攤販在使用調味料時，一定也會將常使用的調味料依照使用最順手的次序將調味料逐一排好以爭取時效，這便是使用順序原則。

(9) 發展出工作站實物模型，由使用者群體內的操作員進行測試與評估，來確定人員與工作站間是否可達到最佳配適。

(10) 最後可視需要修正原來設計，並製作工作站的原型。

　　上述十個步驟並非都可以適用於每一個工作站的設計，還是應該要根據工作特性與實際情況來作調整，才能得到最可行的人機系統配適。

　　另外也可以參考 Barnes 等學者在第二類的「動作經濟原則」中，關於工作場所布置的建議有以下 8 點。

1. 工具物料應置於固定場所。
2. 工具物料及裝置應置於工作者之面前或近處。
3. 零件物料之供給應利用其重量墜送至工作者手邊。
4. 應儘可能利用「墜送」的方式。
5. 工具物料應依照最佳之工作順序排列。
6. 應有適當的照明設備。
7. 工作台及椅子高度應使工作者坐立適宜。
8. 工作椅之式樣及高度應可使工作者保持良好姿勢。

 ### 10.3.2　手工具設計原則

　　常見的上肢工作傷害多與所使用的手工具設計不當有關，在設計手工具時，設計者常常沒有考慮到使用者是否容易或適合使用，導致使用者必須以不舒服的姿勢來將就，而長期在不當的手腕及肩膀姿勢、頻率高的重複動作、手部過度的施力以及休息的時間不足，常常導致累積性傷害(cumulative trauma disorders, CTDs)的發生。因長時間使用手工具而造成的累積性傷害有三種型態：肌腱傷害，如長期打字輸入的腱鞘炎(tenosynovitis)與肌腱炎(tendinitis)、使用扳機開關工具的板機指(trigger finger)、網球肘(tennis elbow)等；神經傷害，如腕道症候群(carpal tunnel syndrome)等及神經血管傷害，如使用振動工具的白指症(white finger)等。這種因手工具設計不當而引發的累積性傷害有逐年增加之趨勢，在世界各國，不管是製造業、屠宰業、醫院、家庭主婦及勞力工作者及其他行業，發現累積性傷害占全部疾病傷害的比例增加，致使損失成本也增加，在國內曾針對重複性傷害進行工廠訪查，發現雇主及勞工對重複性傷害的認知皆不足。由於累積性傷害所產生的人員傷害及衍生的社會成本十分可觀，因此運用人因工程的原則來設計手工具，就顯得十分重要。

Bennett (1980)等人提出有關手工具把手的設計原則，就是可彎曲手工具，但不要彎曲手腕，此設計原則被應用在許多物品的設計上，主要在避免尺偏。如圖 10.4 所示，為浴廁清潔劑的噴嘴設計符合可彎曲物品但不彎曲手腕的設計原則。

✿ 圖 10.4　可彎曲物品但不彎曲手腕的設計原則

以下列出手工具設計的人因工程原則。

(1) 保持手腕自然正直，因為任何方向的腕部彎曲均會降低抓握力量。

(2) 手工具要有握把，大小、形狀及尺寸需符合使用者群體。

(3) 加大握把接觸面來分散壓力，避免壓迫掌心。

(4) 設計應考量周全、容易學習，以增加操作安全。

(5) 避免手腕不當彎曲，保持手腕自然正直。

(6) 讓慣有右手及慣用左手者都能使用。

(7) 儘量利用其他動力來取代肌力負荷。

(8) 儘量減少震動，手工具的動力部分與其他部分可用吸振材料來減少震動。

(9) 避免壓力落在單一手指，儘量讓其他手指一起分擔。

(10) 可視使用情況，適度使用手套。

(11) 重量不要太重，建議不要超過 2.3 公斤。

(12) 握把為絕緣體、平滑可適度壓縮。

(13) 防止長期在過度用力的狀況下工作。

(14) 避免過大或過小的握把。

另外也可以參考 Barnes 等學者在第三類的「動作經濟原則」中，關於工具設備設計的建議有以下 6 點。

1. 儘量解除手部工作，而以夾具或足踏工具代替之。
2. 可能時，應將兩種工具合併為之。
3. 工作物料應儘可能預放在工作位置。
4. 手指分別工作時，各指負荷應予以分配。
5. 手柄之設計，應儘可能增加與手接觸面積。
6. 機器上槓桿、十字桿及手輪位置，應能使工作者極少變動期姿勢，且能利用機械之機械能力。

10.4 工作環境設計

　　人機系統的「人」，可以是一個人或是多個人；而「機」可泛指任何型態的機具、工具、機器、設備、系統、任務、工作、工作站、裝置、設施等，當然人和機具之間也離不開的周遭的工作環境，所以工作環境的影響在人機系統也是個重要的因素。以工作站設計為例，工作環境的設計必須能夠確保使用者安全及健康，並提供舒適及有效率的工作環境。常見的工作環境因素如採光及照明、噪音、溫度、通風及換氣、震動、周圍牆壁及窗簾顏色、電磁場等，都足以影響整個工作站給人的感受，因而影響使用者的情緒與工作績效，若設計不良，將易降低工作效率與引起不舒適，甚者將影響使用者健康。以下就人機系統常見的工作環境因素做一探討。

10.4.1 採光及照明

　　不管是文字書寫、電腦作業或是製造作業場所等，都需要有良好的採光及照明以保護視力健康及提升工作效率。不良的採光及照明環境易造成生理的疲勞或疾病，比如眼睛的疲倦、近視、引起頭痛、身體不適及暈眩等；在心理方面，不良的採光及照明環境易造成疲倦，造成心理不適與缺乏安全感。以上輕則造成作業現場虛驚事故，重則造成意外事故而影響工作績效。反之若辦公場所的採光及照明品質良好，可使人感到精神奕奕、心情愉快，進而能提高工作效率。

衡量物體或被照面上被光源照射所呈現的光亮程度，或是單位面積所通過的光通量稱為照度(illumination)，單位為每平方米上的平均流明數(lumen/m^2)，簡稱為勒克斯(Lux)或米燭光。依照工作需求所需的最低照度，可參照國家標準(CNS12112)或相關的照度基準。一般而言，長時間維持眼睛不疲勞的最低照度要求應有 500 Lux 以上。

針對採光及照明，在我國職業安全衛生法的體系下，訂有「職業安全衛生設施規則」，該規則亦有明訂採光及照明等相關事項，規定雇主對於勞工工作場所之採光照明，應有充分之光線，而且光線應分布均勻，明暗比並應適當，也應避免光線之刺目、眩耀的眩光現象。眩光會導致眼睛無法清楚辨識視覺範圍內的景物，例如眼睛直接看到裸露在燈具外之燈管或燈泡、日出艷陽、夜間來車遠光燈，會議場所光滑的白板、均會產生強光刺激眼睛，以致於無法看清楚景物，而眩光約可分為三類，會產生不舒服感的不適眩光；直接干擾視力和視覺工作績效的失能眩光，以及移除光源後仍不能看到任何東西的目盲眩光等。

該規則亦規定各工作場所之窗面面積比率不得小於室內地面面積十分之一。採光則以自然採光為原則，但必要時得使用窗簾或遮光物。若作業場所面積過大、夜間或氣候因素自然採光不足時，可用人工照明，並依下表規定予以補足：

表 10.1　人工照明表

照度表		照明種類
場所或作業別。	照明米燭光數	場所別採全面照明，作業別採局部照明
室外走道、及室外一般照明。	20 米燭光以上	全面照明
一、 走道、樓梯、倉庫、儲藏室堆置粗大物件處所。 二、 搬運粗大物件，如煤炭、泥土等。	50 米燭光以上	一、 全面照明 二、 全面照明

表 10.1　人工照明表（續）

照度表		照明種類
一、機械及鍋爐房、升降機、裝箱、精細物件儲藏室、更衣室、盥洗室、廁所等。 二、須粗辨物體如半完成之鋼鐵產品、配件組合、磨粉、粗紡棉布極其他初步整理之工業製造。	100 米燭光以上	一、全面照明 二、局部照明
須細辨物體如零件組合、粗車床工作、普通檢查及產品試驗、淺色紡織及皮革品、製罐、防腐、肉類包裝、木材處理等。	200 米燭光以上	局部照明
一、須精辨物體如細車床、較詳細檢查及精密試驗、分別等級、織布、淺色毛織等。 二、一般辦公場所。	300 米燭光以上	一、局部照明 二、全面照明
須極細辨物體，而有較佳之對襯，如精密組合、精細車床、精細檢查、玻璃磨光、精細木工、深色毛織等。	500～1000 米燭光以上	局部照明
須極精辨物體而對襯不良，如極精細儀器組合、檢查、試驗、鐘錶珠寶之鑲製、菸葉分級、印刷品校對、深色織品、縫製等。	1000 米燭光以上	局部照明

　　雇主使勞工從事凝視作業，且每日凝視作業時間合計在二小時以上的精密作業，例如精密零件之加工、印刷電路板的人工插件、鐘錶珠寶之鑲製、以放大鏡或顯微鏡從事檢驗等，可參考「精密作業勞工視機能保護設施標準」，其中規定其工作台面照明與其半徑一公尺以內接鄰地區照明之比率不得低於一比五分之一，與鄰近地區照明之比率不得低於一比二十分之一。該標準並規定雇主採用輔助局部照明時，應使勞工眼睛與光源之連線和眼睛與注視工作點之連線所成之角度，在三十度以上；雇主使勞工從事精密作業時，應縮短工作時間，於連續作業二小時，給予作業勞工至少十五分鐘之休息；雇主使勞工從事精密作業時，應注意勞工作業姿態，應使眼球與工作點之距離保持距離約三十公分。

良好採光及照明的建議如下：

1. 儘量利用自然光線。
2. 照度可配合各種作業型態需要，照度不宜太高或太低。
3. 必須避免有眩光發生。
4. 光線投射方向需適當。
5. 燈盞裝置應採用玻璃燈罩及日光燈為原則，燈泡須完全包蔽於玻璃罩中。
6. 窗面及照明器具之透光部分，均須保持清潔。

 ### 10.4.2　噪音

噪音是聲音的物理能量透過聽覺神經而產生，噪音也是最引起聽力喪失的常見原因，包括暫時性聽力損失或永久性聽力損失。許多職業暴露的工人，甚至一般人在日常生活中都暴露在各種的噪音中，而發生各種不同程度的聽力喪失。噪音不僅對聽力有損，更會透過神經系統對人體產生影響，例如心跳加快、腎上腺素增加、血壓上升等心臟血管問題、影響睡眠品質、無法專心而影響工作效率。工作場所的噪音，一般會造成明顯聽力傷害的臨界量約為 80 分貝，一般人在生活環境中可能遭遇的噪音如圖 10.5 所示。

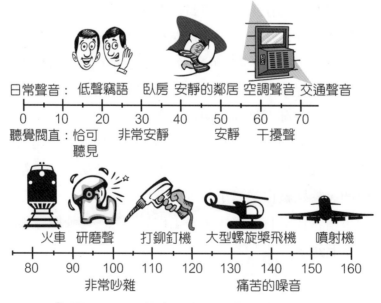

🌸 圖 10.5　一般人在生活環境中遭遇的噪音

根據勞動及職業安全衛生研究所的調查，勞工認知噪音問題為其工作環境中重要健康危害因子者，產業中以礦業土石採取業(69.2%)、製造業(31.9%)與營造業(25.7%)分列前三名。此外，調查結果也顯示勞工對於高噪音環境下佩戴防音防護具之認知與意願皆不高，探究結果發現佩戴不舒適為其主要原因，其次分別為會阻礙工作的進行、雇主沒有提供並要求等。

針對噪音危害，在我國職業安全衛生法的體系下，訂有「職業安全衛生設施規則」，其中皆使用 A 加權網作為衡量噪音的標準，這是美國國家標準協會(ANSI)所設計的最常用的衡量噪音的標準，故以 dB(A)表示。「職業安全衛生設施規則」亦規定雇主對於發生噪音之工作場所，若勞工工作場所因機械設備所發生之聲音超過 90 分貝時，雇主應採取工程控制、減少勞工噪音暴露時間，使勞工噪音暴露工作日八小時日時量平均不超過表 10.2 之規定值或相當之劑量值，且任何時間不得暴露於峰值超過 140 分貝之衝擊性噪音或 115 分貝之連續性噪音；對於勞工八小時日時量平均音壓級超過 85 分貝或暴露劑量超過 50%時，雇主應使勞工戴用有效之耳塞、耳罩等防音防護具。勞工暴露之噪音音壓級及其工作日容許暴露時間如下列對照表：

表 10.2 勞工暴露之噪音音壓級及其工作日容許暴露時間

工作日容許暴露時間（小時）	A加權噪音音壓級(dBA)
8	90
6	92
4	95
3	97
2	100
1	105
0.5	110
0.25	115

其中規定測定勞工八小時日時量平均音壓級時，應將 80 分貝以上之噪音以增加 5 分貝降低容許暴露時間一半之方式納入計算，此為 5 分貝原則，也就是噪音每增加（減少）5 分貝，容許暴露時間即減半（倍增），計算公式如下：

5 分貝原則公式　$T = \dfrac{8}{2^{(\frac{dBA-90}{5})}}$

記住此公式就可以不用記住上表，只要知道作業環境噪音值，就可求得容許暴露時間。

範例 10.1

作業環境噪音為 95(dBA)，可以容許暴露時間為多久？

$$T = \dfrac{8}{2^{(\frac{95-90}{5})}} = 4 \text{ 小時}$$

「職業安全衛生設施規則」亦規定勞工工作日暴露於二種以上之連續性或間歇性音壓級之噪音時，其暴露劑量之計算方法為：

$$\dfrac{\text{第一種噪音音壓級之暴露時間}}{\text{該噪音音壓級對應容許暴露時間}} + \dfrac{\text{第二種噪音音壓級之暴露時間}}{\text{該噪音音壓級對應容許暴露時間}} + \ldots \begin{array}{c} > \\ = \\ < \end{array} 1$$

其和大於 1 時，即屬超出容許暴露劑量。

範例 10.2

有噪音工作場所其各時段所量測的暴露值如下，請問暴露劑量為何？是否超過「職業安全衛生設施規則」規定？

暴露時間	暴露值
0800～1000	80(dBA)
1000～1200	90(dBA)
1200～1300	75(dBA)
1300～1700	95(dBA)

08:00～10:00 暴露值 80(dBA)暴露 2 小時，容許暴露時間可為 32 小時

10:00～12:00 暴露值 90(dBA)暴露 2 小時，容許暴露時間可為 8 小時

12:00～13:00 暴露值為 75(dBA)，因為 79(dBA)（含）以下可忽略不計

13:00～17:00 暴露值 95(dBA)暴露 4 小時，容許暴露時間可為 4 小時

暴露劑量之計算

$$(2/32)＋(2/8)＋(4/4)＝1.31$$

因其和大於 1 時，即屬超出容許暴露劑量，故超過「職業安全衛生設施規則」規定。

噪音危害控制應從三個方向來進行，即針對噪音源、傳播路徑以及接收者等三方面來進行，噪音危害控制的建議如下：

(1) 噪音源

「職業安全衛生設施規則」規定工作場所之傳動馬達、球磨機、空氣鑽等產生強烈噪音之機械，應予以適當隔離，並與一般工作場所分開為原則。發生強烈振動及噪音之機械應採消音、密閉、振動隔離或使用緩衝阻尼、慣性塊、吸音材料等，以降低噪音之發生。

(2) 傳播路徑

　　可利用距離衰減的方式，來增加與接受者的距離。或是在傳播路徑上加裝隔音牆來減少噪音暴露量。

(3) 接收者

　　噪音危害控制一般都是儘量在噪音源和傳播路徑進行工程控制，到接收者此一階段則為最後的防線，此階段應避免作業員直接暴露。可透過劃定聽力防護區、正確佩戴合適的防音防護具、定期進行特殊健康（體格）檢查以及施行教育訓練等方式來避免聽力損失。「職業安全衛生設施規則」也規定噪音超過 90 分貝之工作場所，應標示並公告噪音危害之預防事項，使勞工周知。

 ## 10.4.3　熱危害

　　人體溫度必須維持一定的範圍，方能使器官得以正常運作，其中影響人體溫度的主要來源為新陳代謝熱（人體所產生的熱量）以及環境熱。兩者必須達到熱平衡才能維持人體溫度於一定的範圍，若無法維持熱平衡，超出人體所能承受的程度時，就會出現熱危害，例如中暑、熱衰竭、熱痙攣、失水等熱危害。

　　針對熱危害，評估溫溼環境之指標相當多，但我國勞工安全衛生法的體系下，訂有「高溫作業勞工作息時間標準」以及「勞工作業環境測定實施辦法」皆規定以綜合溫度熱指數(wet bulb globe temperature, WBGT)，又謂之濕黑球溫度為評估溫濕環境的指標，該指數結合了空氣溫度、空氣濕度、空氣流動與輻射熱等四項氣候因素，並兼具測定設備簡單便宜、計算簡單的優點，所以廣為世界各國所採用。計算方法如下：

1. 戶外有日曬情形者

　　綜合溫度熱指數＝0.7×（自然濕球溫度）＋0.2×（黑球溫度）＋0.1×（乾球溫度）

2. 戶內或戶外無日曬情形者

　　綜合溫度熱指數＝0.7×（自然濕球溫度）＋0.3×（黑球溫度）。

　　「自然濕球溫度」係指溫度計外包濕紗布且未遮蔽外界空氣流動所得之溫度，代表溫度、濕度、風速等之綜合效應。「黑球溫度」係指一定規格之中空黑色不反光銅球，中央插入溫度計所量得的溫度，代表輻射熱效應。「乾球溫度」係指溫度計所量得之單純空氣溫度之效應。

　　我國稱高溫作業為特別危害健康之作業，有針對勞工於高溫作業時需注意的標準，訂有「高溫作業勞工作息時間標準」，該標準是根據職業安全衛生法訂定。該標準所稱高溫作業，是指全天工作時間（以八小時為原則）之時量平均綜合溫度熱指數值，超過該標準所列表之連續作業綜合溫度熱指數值時，亦即：輕工作超過 30.6 °C；中度工作超過 28.0 °C；重工作超過 25.9 °C時，即為高溫作業。如表 10.3 所示。

表 10.3 高溫作業勞工作息時間比例　

每小時作息時間比例		連續作業	75%作業 25%休息	50%作業 50%休息	25%作業 75%休息
時量平均綜合 溫度熱指數值 （°C）	輕工作	30.6	31.4	32.2	33.0
	中度工作	28.0	29.4	31.1	32.6
	重工作	25.9	27.9	30.0	32.1

　　該標準所稱輕工作，指僅以坐姿或立姿進行手臂動作以操縱機器者；所稱中度工作，指於走動中提舉或推動一般重量物體者；所稱重工作，指鏟、掘、推等全身運動之工作者。雇主可依上表規定，分配高溫作業勞工作業及休息時間。該標準規定若雇主原訂高溫作業勞工之工作條件優於該標準者，可從其規定，且該標準規定實施該標準後降低工作時間之勞工，其原有工資不得減少。

 範例 10.3

某鑄造間處理熔融鋼鐵作業場所，經實測其室內作業環境溫度結果，濕球溫度 24 °C、黑球溫度 39 °C、乾球溫度 26 °C，該作業勞工的作業型態為為中度工作，(1)計算時量平均綜合溫度指數？(2)該作業勞工作息比例的建議？

解

(1) 戶內或戶外無日曬情形者。

綜合溫度熱指數＝0.7×（自然濕球溫度）＋0.3×（黑球溫度）。

＝0.7（自然濕球溫度）＋0.3（黑球溫度）

＝0.7×24+0.3×39=28.5 (°C)

本例計算結果，綜合溫度熱指數 WBGT 值 28.5 °C，超過中度工作連續作業 28.0 °C 之標準值，故係屬「高溫作業勞工作息時間標準」所訂之高溫作業。

(2) 按該勞工分配作業屬中度工作，參照該標準表列規定，由已知條件 WBGT 值 28.5 °C 大於 28.0 °C 但 28.5 °C 小於 29.4 °C，故作息比例應為每小時 75%作業，25%休息，即每小時作業 45 分鐘，休息 15 分鐘，且每天工作時間不得超過 6 小時。

熱危害工程控制的建議如下：

(1) 對於作業員因為勞力付出所產生新陳代謝熱，可以儘量利用機器搬運來取代人工搬運。

(2) 可設置熱屏障，避免作業員直接暴露。

(3) 降低空氣溫度。

(4) 增加空氣流動速度。

(5) 減少著衣數量。

熱危害行政管理的建議如下：

(1) 勞工於操作中須接近黑球溫度五十度以上高溫灼熱物體者，雇主應供給身體熱防護設備並使勞工確實使用，黑球溫度之測定位置為勞工工作時之位置。

(2) 雇主使勞工從事高溫作業時，應充分供應飲用水及食鹽，並採取指導勞工避免高溫作業危害之必要措施。

(3) 依「勞工健康保護規則規定」，雇主必須對擬從事高溫作業勞工實施特殊體格檢查或健康檢查，不得使高血壓、心臟病、呼吸系統疾病、內分泌系統疾病、無汗症、腎臟疾病、廣泛性皮膚疾病者從事高溫作業。

(4) 依「職業安全衛生設施規則」，雇主對於顯著濕熱之室內作業場所，對勞工健康有危害之虞者，應設置冷氣或採取通風等適當之空氣調節設施。

(5) 作業勞工從事高溫作業，應循序漸進實施熱適應，使身體漸漸適應，不能馬上就全天投入工作。

(6) 調配人力，實施輪班制度。

10.4.4　通風及換氣

對於作業環境的危害，我們可以利用工程控制的方法來防止，但其中又以通風及換氣為一便宜、有效且容易的方法，通風及換氣的作法為利用空氣的流動來控制作業環境。通風及換氣一般可分為整體換氣(general ventilation)與局部排氣(local exhaust ventilation)，又可統稱為機械通風，其目的可提供新鮮空氣，維持舒適的溫濕條件，控制汙染物濃度在容許濃度以下，保障勞工身體健康以提升工作效率等。

當汙染物毒性低、產生量小，汙染源均勻廣泛、汙染源距離作業人員遠時，可考慮使用整體換氣，使汙染物濃度低於法定容許濃度，或是為了降低環境溫度亦可使用，家裡為降低溫度而常見掛在窗戶邊的風扇型抽風機可視為整體換氣的一種。反之，當汙染物毒性高、產生量大，汙染源數目不多、汙染源距離作業人員很近時，為防止作業人員吸入或接觸，則可考慮使用局

部排氣，家中廚房常見抽油煙機也可視為局部排氣的一種。整體換氣與局部排氣兩種方式應視環境需求來決定應該使用何種通風換氣裝置。

我國「職業安全衛生設施規則」對通風及換氣也有一些規定，例如：

(1) 雇主對於勞工經常作業之室內作業場所，除設備及自地面算起高度超過四公尺以上之空間不計外，每一勞工原則上應有十立方公尺以上之空間。雇主對坑內或儲槽內部作業，應設置適當之機械通風設備。但坑內作業場所以自然換氣能充分供應必要之空氣量者，不在此限。

(2) 雇主對於勞工經常作業之室內作業場所，其窗戶及其他開口部分等可直接與大氣相通之開口部分面積，應為地板面積之二十分之一以上。但設置具有充分換氣能力之機械通風設備者，不在此限。雇主對於室內作業場所之氣溫在攝氏十度以下換氣時，不得使勞工暴露於每秒一公尺以上之氣流中。

(3) 雇主對於勞工工作場所應使空氣充分流通，必要時，應以機械通風設備換氣來調節新鮮空氣、溫度及降低有害物濃度。其換氣標準如下：

表 10.4　職業安全衛生設施規則換氣標準

工作場所每一勞工 所占立方公尺數	每分鐘每一勞工 所需之新鮮空氣之立方公尺數
5.7 以下	0.6 以上
5.7 以上未滿 14.2	0.4 以上
14.2 以上未滿 28.3	0.3 以上
28.3 以上	0.14 以上

 範例 10.4

勞工經常作業之室內作業場所，長 30 公尺、寬 20 公尺、高 10 公尺，共有 100 位勞工，請問需要有多少換氣量？

依據「職業安全衛生設施規則」，自地面算起高度超過四公尺以上之空間不計，故高 10 公尺，只採計 4 公尺，4 公尺以上之空間不計。

每一勞工所占空間為（30 公尺×20 公尺×4 公尺）÷100 位勞工＝24（立方公尺／人）

因為 24（立方公尺／人）位於 14.2（立方公尺／人）以上，但未滿 28.3（立方公尺／人）

查表得知每分鐘每一勞工所需之新鮮空氣需為 0.3 立方公尺以上

故總換氣量為 0.3×100 位勞工＝30（立方公尺／每分鐘）

習 題
Exercise

一、選擇題

1. （ ） 對於人因工程的理念，下列何者是對的？ (A)人的能力在各方面都有限制 (B)強調人機系統的設計 (C)人有個別差異現象 (D)不單只是追求效率 (E)以上皆是。

2. （ ） 下列何者最符合「以物就人，而非以人就物」的人因工程觀念？ (A)因材施教 (B)大材小用 (C)教育宣導 (D)有教無類 (E)殺頭便冠。

3. （ ） 人因工程強調以人為出發點的人機系統設計，乃希望能讓人的作業可以： (A)增加安全性 (B)增加舒適感 (C)增加生產力 (D)有效率 (E)以上皆是。

4. （ ） 人因工程所強調的中心系統概念為： (A)人孰能無過 (B)群體定型反應 (C)人機系統 (D)個別差異 (E)以上皆非。

5. （ ） 人機系統中的「機」，是指： (A)工具 (B)裝置 (C)機器 (D)任務 (E)以上皆是。

6. （ ） 有關座椅設計的敘述，下列何者正確？ (A)座面深度需適合矮小者 (B)座面高度必須適合矮小者 (C)座寬需適合高大者 (D)座椅設計應參考人體計測數據 (E)以上皆是。

7. （ ） 以人體計測進行極端的設計時，常以第 5 和 95 百分位數為設計基準，主要是基於何種考量？ (A)美觀 (B)方便 (C)時尚 (D)成本 (E)以上皆非。

8. （ ） 大門的大小通常採用人體計測值的何者百分位數為設計基準？ (A)第 95 百分位數 (B)第 50 百分位數 (C)第 10 百分位數 (D)第 5 百分位數 (E)第 1 百分位數。

9. （　） 座椅的深度通常採用人體計測值的何者百分位數為設計基準：
(A)第 95 百分位數　(B)第 50 百分位數　(C)第 10 百分位數　(D)第 5 百分位數　(E)第 1 百分位數。

10. （　） 應用人體計測數據來設計時，下列敘述何者正確？　(A)可調設計有時也需進行成本效益取捨　(B)可調設計的效果最差　(C)平均設計比可調設計好　(D)平均人在現實世界是存在的　(E)可調設計比極端設計差。

11. （　） 精密作業的工作檯面之高度設計應該比肘高：　(A)低　(B)高　(C)一樣　(D)不變　(E)以上皆非。

12. （　） 腳部控制器通常可應用於：　(A)需較小施力時　(B)需定位精確時　(C)需高頻繁動作時　(D)需較大施力時　(E)需複雜作業時。

13. （　） 在太高的作業面上操作電腦鍵盤太久，最可能導致的身體不適為：　(A)肚子痛　(B)腰背酸痛　(C)小腿酸痛　(D)肩頸酸痛　(E)以上皆非。

14. （　） 勞工從事精密作業時，其工作台面照度與其接鄰地區、鄰近地區的照度比率不應低於：　(A)1：1/5：1/20　(B)1：1/15：20　(C)1：5：10　(D)1：2：1　(E)1：1/15：1/20。

15. （　） 單位面積所通過的光通量稱為：　(A)光度　(B)光強度　(C)照度　(D)亮度　(E)輝度。

16. （　） 一般辦公室文書作業所需的燈光量約為：　(A)100Lux　(B)200Lux　(C)250Lux　(D)500Lux　(E)1000Lux。

17. （　） 噪音值在多少以上，大概就會產生聽力傷害？　(A)100dB　(B)60dB　(C)80dB　(D)30dB　(E)40dB。

18. （　） 依「職業安全衛生設施規則」規定，對於勞工八小時日時量平均音壓級超過多少分貝或暴露劑量超過 50%時，雇主應使勞工戴用有效之耳塞、耳罩等防音防護具？　(A)75 分貝　(B)85 分貝　(C)95 分貝　(D)105 分貝　(E)115 分貝。

19. （　） 依「職業安全衛生設施規則」規定，在作業場所中，衝擊性噪音之尖峰值不應超過：　(A)100 dBA　(B)110 dBA　(C)120 dBA (D)130 dBA　(E) 140 dBA。

20. （　） 依 5 分貝原則公式，在 105 分貝的作業環境中，勞工連續工作不得超過：　(A)1 小時　(B)2 小時　(C)3 小時　(D)4 小時　(E)30 分鐘。

21. （　） WBGT 係指：　(A)黑濕球溫度　(B)運作溫度　(C)乾球溫度　(D)濕球溫度　(E)有效溫度。

22. （　） 門的高度設計是屬於人體計測值的哪一個百份位數設計？　(A)第 5 百分位數　(B)第 50 百分位數　(C)第 75 百分位數　(D)第 95 百分位數。

23. （　） 公車拉環之高度通常是採用人體測計值的哪一個百分位數為準，才能符合大多數人的需求？　(A)第 5 百分位數　(B)第 50 百分位數　(C)第 75 百分位數　(D)第 95 百分位數。

23. （　） 參考下表，若某工作者曝露於 97dBA 1 小時，在 92dBA 2 小時及 90dBA 3 小時，其組合噪音量為：　(A)177.5　(B)166.7　(C)155.6 (D)131.1。

每天的持續時間（小時）	聲音水準(dBA)
8	90
6	92
4	95
3	97
2	100
1.5	102
1	105
0.5	110
0.25 以下	115

25. ( ) 呈上題，下列敘述何者**錯誤**？ (A)音量大小的單位為分貝 (decibel, dB)，它是一種聲壓水準(Sound Pressure Level, SPL) (B)各噪音水準的總曝露量不能超過百分之 100 (C)上題計算結果，噪音量已超過 OSHA 之要求 (D)所有在 70~120 dBA 水準的聲音皆須列入噪音量的計算。

26. ( ) 當工作環境的溫度與皮膚溫度一樣時，身體將無法散熱造成脫水現象，為避免上述情況發生下列作法何者不適宜？ (A)飲用微溫的開水 (B)穿著防輻熱的衣服 (C)強制安排固定時間的工作與休息 (D)訓練人員熱窒息的急救處理。

27. ( ) 費茲定律(Fitts' Law)敘述移動時間(MT)與目標寬度(W)及距離(D)之關係：MT=a+blog2(2D/W)，關於使用不同等級動作進行費茲定律的實驗量測後，下列描述何者為真？ (A)第一級動作所量測到的 a 較大 (B)第一級動作所量測到的 a 較小 (C)第四級動作所量測到的 b 較小 (D)第四級動作所量測到的 b 較大。

二、作業環境評估個案研究實習

1. 實習目的

　　根據各組所選之特定工作站作業，利用噪音計及照度計測量其噪音及照度，評估其工作站佈置是否合乎「舒適」與「效率」原則？

2. 實習設備

　　(1)攝影機（相機）；(2) 碼錶；(3)各種表格；(4)照度計；(5)噪音計；(6)溫度計。

3. 實習程序

(1) 經由專題小組研討選定一工作站為分析對象，工作分析內容應包括：

* 工作特性：名稱、地點、時間、休息間隔、工作內容或性質等。
* 工作者特性：應具備之能力或技能、年齡、性別…。

- 工作內容描述：作業順序、使用工具、作業包含的動作等。最好以各種流程圖表示。
- 工作環境特性：位置、照明、噪音、通風情形等。

(2) 利用攝影機（或相機）拍攝其作業情況以明瞭其實際作業與工作站的布置。

(3) 針對工作環境測量照度（或亮度、反射比），噪音或溫度，紀錄於表格中。

(4) 針對缺失進行改善與建議。

(5) 報告之撰寫。

◎ 注意事項

1. 本實習總時間為二週。

2. 工作選擇應以方便量測為原則，並且盡量不要選擇太過簡單的工作（例如閱讀），建議選擇具改善空間的工作環境。

3. 報告中之敘述部份必要時應輔以照片說明。

4. 改善成果可以模擬方式進行。

附 錄 Appendix

習題解答

第一章

1.	(D)	2.	(B)	3.	(C)	4.	(E)	5.	(D)	6.	(B)	7.	(D)	8.	(C)
9.	(C)	10.	(D)	11.	(D)	12.	(B)	13.	(C)	14.	(D)	15.	(A)	16.	(B)
17.	(B)	18.	(D)	19.	(A)	20.	(C)	21.	(D)	22.	(D)	23.	(A)	24.	(C)
25.	(A)	26.	(C)														

第二章

1.	(A)	2.	(C)	3.	(B)	4.	(B)	5.	(A)	6.	(A)	7.	(C)	8.	(A)
9.	(B)	10.	(A)	11.	(D)	12.	(C)	13.	(A)	14.	(B)	15.	(D)	16.	(B)
17.	(A)	18.	(D)	19.	(B)	20.	(D)	21.	(C)	22.	(C)	23.	(B)	24.	(A)
25.	(C)	26.	(D)	27.	(A)	28.	(B)	29.	(A)	30.	(D)	31.	(B)	32.	(B)
33.	(A)	34.	(C)	35.	(D)	36.	(A)	37.	(B)	38.	(A)	39.	(C)	40.	(C)
41.	(B)	42.	(D)	43.	(B)	44.	(D)										

第三章

1.	(B)	2.	(E)	3.	(A)	4.	(C)	5.	(C)	6.	(E)	7.	(A)	8.	(B)
9.	(C)	10.	(B)	11.	(B)	12.	(A)	13.	(B)	14.	(A)	15.	(A)	16.	(C)
17.	(C)	18.	(B)	19.	(C)	20.	(A)	21.	(C)	22.	(D)	23.	(A)	24.	(A)
25.	(C)	26.	(C)	27.	(A)	28.	(D)	29.	(C)	30.	(D)	31.	(B)	32.	(B)
33.	(D)	34.	(C)	35.	(B)	36.	(D)	37.	(A)	38.	(C)	39.	(B)	40.	(D)
41.	(B)	42.	(C)	43.	(A)												

第四章

1.	(A)	2.	(A)	3.	(A)	4.	(D)	5.	(A)	6.	(E)	7.	(A)	8.	(E)
9.	(B)	10.	(B)	11.	(D)	12.	(D)	13.	(A)	14.	(B)	15.	(E)	16.	(E)
17.	(D)	18.	(A)	19.	(B)	20.	(D)	21.	(E)	22.	(A)	23.	(A)	24.	(E)
25.	(D)	26.	(C)	27.	(B)	28.	(A)	29.	(B)	30.	(B)	31.	(D)	32.	(B)
33.	(B)	34.	(D)	35.	(D)	36.	(C)	37.	(A)	38.	(B)	39.	(D)	40.	(C)
41.	(C)	42.	(C)	43.	(D)	44.	(A)	45.	(D)	46.	(D)	47.	(C)	48.	(D)
49.	(A)	50.	(D)	51.	(B)	52.	(B)	53.	(D)	54.	(C)						

第五章

1.	(A)	2.	(C)	3.	(C)	4.	(B)	5.	(A)	6.	(A)	7.	(D)	8.	(E)
9.	(C)	10.	(A)	11.	(C)	12.	(C)	13.	(A)	14.	(D)	15.	(B)	16.	(E)
17.	(D)	18.	(C)	19.	(D)	20.	(A)	21.	(A)	22.	(A)	23.	(B)	24.	(B)
25.	(E)	26.	(C)	27.	(B)	28.	(C)	29.	(A)	30.	(E)	31.	(A)	32.	(C)
33.	(D)	34.	(B)	35.	(A)	36.	(C)	37.	(B)	38.	(D)	39.	(D)	40.	(C)
41.	(B)	42.	(D)	43.	(B)	44.	(D)	45.	(C)	46.	(B)	47.	(D)	48.	(B)

第六章

1.	(E)	2.	(C)	3.	(B)	4.	(A)	5.	(B)	6.	(E)	7.	(A)	8.	(B)
9.	(C)	10.	(A)	11.	(A)	12.	(D)	13.	(C)	14.	(C)	15.	(B)	16.	(B)
17.	(C)	18.	(E)	19.	(A)	20.	(A)	21.	(B)	22.	(E)	23.	(D)	24.	(B)
25.	(C)	26.	(C)	27.	(A)	28.	(C)	29.	(C)	30.	(B)	31.	(C)	32.	(B)
33.	(A)	34.	(D)	35.	(C)	36.	(D)	37.	(D)	38.	(C)	39.	(C)	40.	(B)
41.	(A)	42.	(C)	43.	(A)	44.	(A)	45.	(D)	46.	(B)	47.	(C)	48.	(A)
49.	(A)	50.	(D)	51.	(C)	52.	(D)								

第七章

1.	(D)	2.	(B)	3.	(A)	4.	(B)	5.	(E)	6.	(B)	7.	(D)	8.	(B)
9.	(A)	10.	(D)	11.	(B)	12.	(C)	13.	(C)	14.	(C)	15.	(C)	16.	(B)
17.	(D)	18.	(D)	19.	(D)	20.	(A)	21.	(C)	22.	(B)	23.	(A)	24.	(C)
25.	(C)	26.	(B)	27.	(B)	28.	(D)	29.	(D)	30.	(A)	31.	(C)	32.	(C)
33.	(C)	34.	(A)	35.	(B)	36.	(A)	37.	(C)	38.	(A)	39.	(A)	40.	(C)
41.	(B)	42.	(C)	43.	(B)	44.	(C)	45.	(B)	46.	(C)	47.	(B)		

第八章

1.	(C)	2.	(D)	3.	(A)	4.	(C)	5.	(C)	6.	(B)	7.	(D)	8.	(B)
9.	(B)	10.	(D)	11.	(B)	12.	(C)	13.	(E)	14.	(B)	15.	(C)	16.	(A)
17.	(D)	18.	(B)	19.	(A)	20.	(A)	21.	(C)	22.	(C)	23.	(C)	24.	(B)
25.	(B)	26.	(B)	27.	(C)	28.	(A)	29.	(A)	30.	(D)	31.	(C)	32.	(B)
33.	(B)	34.	(A)	35.	(C)	36.	(D)	37.	(D)	38.	(D)	39.	(D)	40.	(B)
41.	(A)	42.	(B)	43.	(C)	44.	(D)	45.	(C)	46.	(A)	47.	(C)	48.	(D)
49.	(D)	50.	(B)												

第九章

1.	(C)	2.	(A)	3.	(D)	4.	(B)	5.	(C)	6.	(B)	7.	(C)	8.	(C)
9.	(C)	10.	(B)	11.	(A)	12.	(B)	13.	(D)						

第十章

1.	(E)	2.	(A)	3.	(E)	4.	(C)	5.	(E)	6.	(E)	7.	(D)	8.	(A)
9.	(D)	10.	(A)	11.	(B)	12.	(D)	13.	(D)	14.	(A)	15.	(C)	16.	(D)
17.	(C)	18.	(B)	19.	(E)	20.	(A)	21.	(A)	22.	(D)	23.	(A)	24.	(B)
25.	(D)	26.	(C)	27.	(C)										

附錄 Appendix

亂數表

由 0 至 9 之數字任意排列之表，欲隨機決定抽樣順序時使用之。

（此亂數表係根據 JIS Z 9031「隨機抽樣法」）

1	67	11	09	48	96	29	94	59	84	41	68	38	04	13	86	91	02	19	85	28
2	67	41	90	15	23	62	54	49	02	06	93	25	55	49	06	96	52	31	40	59
3	78	26	74	41	76	43	35	32	07	59	86	92	06	45	95	25	10	94	20	44
4	32	19	10	89	41	50	09	06	16	28	87	51	38	88	43	13	77	46	77	53
5	45	72	14	75	08	16	48	99	17	64	62	80	58	20	57	37	16	94	72	62
6	74	93	17	80	38	45	17	17	73	11	99	43	52	38	78	21	82	03	78	27
7	54	32	82	40	74	47	94	68	61	71	48	87	17	45	15	07	43	24	82	16
8	34	18	43	76	96	49	68	55	22	20	78	08	74	28	25	29	29	79	18	33
9	04	70	61	78	89	70	52	36	26	04	13	70	60	50	24	72	84	57	00	49
10	88	69	83	65	75	88	85	58	51	23	22	91	13	54	24	25	58	20	02	83
11	05	89	66	75	80	83	75	71	64	62	17	55	03	30	03	86	34	96	35	93
12	97	11	78	69	79	79	06	98	73	35	29	06	91	56	12	23	06	04	69	67
13	23	04	34	39	70	34	62	30	91	00	09	66	42	03	55	48	78	18	24	02
14	32	88	65	68	80	00	66	49	22	70	90	18	88	22	10	49	46	51	46	12
15	67	33	08	69	09	12	32	93	06	22	97	71	78	47	21	29	70	29	73	60
16	81	87	77	79	39	86	35	90	84	17	83	19	21	21	49	16	05	71	21	60
17	77	53	75	79	16	52	57	36	76	20	59	46	50	05	65	07	47	06	64	27
18	57	89	89	98	26	10	16	44	68	89	71	33	78	48	44	89	27	04	09	74
19	25	67	87	71	50	46	84	98	62	41	85	51	29	07	12	35	97	77	01	81
20	50	51	45	14	61	58	79	12	88	21	09	02	60	91	20	80	18	67	36	15
21	30	88	39	88	37	27	98	23	00	56	45	67	14	88	18	19	97	78	47	20
22	60	49	39	06	59	20	04	44	52	40	23	22	51	96	84	22	14	97	48	08
23	36	45	19	52	10	42	83	86	78	87	30	00	39	04	30	38	06	92	41	51
24	45	71	08	61	71	33	00	87	82	21	35	63	46	07	03	56	48	94	36	04
25	59	63	12	03	07	91	34	95	01	27	51	94	90	01	10	22	41	50	50	56
26	41	82	06	87	49	22	16	34	03	13	20	02	31	13	03	92	86	49	69	69
27	09	85	92	32	12	06	34	50	72	04	08	76	61	95	04	84	93	09	84	05
28	57	71	05	35	47	59	65	38	38	41	57	91	61	96	87	63	24	45	17	72
29	82	06	47	67	53	22	36	49	68	86	87	04	18	80	66	96	57	53	88	83
30	17	95	30	06	64	99	33	89	27	84	65	47	78	11	01	86	61	05	05	28
31	70	55	98	92	19	44	85	86	65	73	69	73	75	41	78	51	05	57	36	33
32	97	93	30	87	84	49	28	29	77	84	31	09	35	59	41	39	71	46	53	57
33	31	55	49	69	17	12	22	20	41	50	45	63	52	13	46	20	70	72	30	57
34	30	92	80	82	37	16	01	46	81	22	48	80	55	77	99	11	30	14	65	29
35	98	05	49	50	04	94	71	34	12	49	85	82	82	67	17	38	22	86	15	93
36	00	86	28	06	39	03	29	04	84	41	20	84	01	97	53	50	90	12	94	67
37	74	76	84	09	68	33	73	25	97	71	65	34	72	55	62	50	50	59	01	93
38	63	84	36	95	80	28	36	19	26	50	72	55	80	54	55	68	58	94	96	50
39	48	12	39	00	88	05	86	29	37	96	18	85	07	95	37	06	78	96	32	89
40	20	60	12	30	95	71	77	03	14	88	81	15	91	68	38	07	45	47	37	75
41	13	21	96	10	43	46	00	95	62	09	45	43	87	40	08	00	12	35	35	06
42	12	84	54	72	35	75	88	47	75	20	21	27	73	48	33	69	10	13	77	36
43	57	38	76	05	12	35	29	61	10	48	02	65	25	40	61	54	13	54	59	37
44	25	18	75	82	11	89	13	90	53	66	56	26	38	89	04	79	76	22	82	53
45	10	88	94	70	76	54	45	07	71	24	53	48	10	01	51	99	93	52	12	68
46	78	44	49	86	29	82	12	44	11	54	82	54	68	28	52	27	75	44	22	50
47	99	33	67	75	86	16	90	53	40	48	15	12	01	10	79	58	73	53	35	90
48	38	51	64	06	53	30	50	06	84	55	91	70	48	46	52	37	46	83	58	78
49	45	96	10	96	24	02	17	29	31	14	10	86	37	20	92	79	72	32	84	57
50	75	40	42	25	66	84	22	05	61	93	58	61	62	02	55	31	56	20	99	07

〔使用法〕為隨機決定出發點，在任意一頁上閉眼擲下鉛筆，如碰上 4
字，故以此為起點連續 2 個數字為 47，作為行之號碼（00 視為 100）。以同
樣方式再擲下鉛筆，如碰上 6 字，作為列之號碼。因此以第 47 行之第 6 列
15,12 之左端為出發點。

51	44	34	50	25	64	98	77	00	43	82	56	81	92	95	36	82	70	01	39	71
52	37	20	32	93	09	52	68	41	07	06	57	67	92	47	73	43	27	00	10	46
53	59	95	93	91	01	41	50	86	55	84	98	50	51	63	45	43	12	37	17	27
54	94	04	52	59	11	73	72	76	56	97	85	58	25	28	05	94	53	22	40	67
55	63	51	33	98	85	47	17	83	06	64	88	17	88	47	12	25	60	03	42	65
56	26	34	31	20	29	64	09	10	48	42	07	09	01	63	70	14	43	84	33	40
57	09	92	63	10	33	91	02	01	33	43	80	55	70	41	47	35	55	44	64	59
58	28	02	42	96	81	30	91	36	68	33	82	15	64	34	22	04	53	40	60	62
59	79	71	66	94	03	40	26	94	55	89	68	64	71	89	29	59	40	59	20	91
60	68	95	13	66	61	68	13	12	77	95	67	57	52	34	34	89	38	91	84	62
61	58	17	80	37	20	22	39	70	13	39	40	97	24	62	13	67	15	02	02	77
62	37	40	55	69	70	64	41	89	55	25	92	31	76	49	68	85	66	14	09	95
63	28	44	48	78	89	31	78	29	50	70	37	28	79	90	68	49	18	78	33	39
64	73	87	07	23	79	29	91	98	00	80	92	17	01	30	26	68	00	83	04	67
65	01	31	76	04	71	41	30	01	59	14	45	52	05	25	00	75	25	59	25	86
66	02	37	94	45	81	96	91	49	47	80	85	31	27	48	30	81	69	66	45	36
67	71	89	09	37	96	27	71	78	43	92	90	24	68	78	00	16	68	43	80	96
68	30	69	59	11	66	26	89	13	06	08	78	14	90	52	84	18	94	98	45	75
69	51	21	78	40	48	65	62	09	65	58	75	92	87	15	25	37	69	55	35	69
70	21	20	96	73	07	73	10	46	61	14	56	69	80	16	62	62	94	31	76	07
71	02	47	24	60	70	97	41	96	61	60	30	67	37	89	40	03	00	94	70	95
72	95	25	35	42	64	42	41	25	37	74	60	36	80	24	35	39	38	00	22	86
73	98	85	01	42	72	94	81	74	11	66	56	01	19	97	49	18	01	04	91	88
74	02	25	46	36	85	82	55	23	49	62	73	69	66	58	47	58	30	76	02	15
75	69	25	29	29	91	93	31	65	43	92	58	07	25	64	11	54	65	69	55	16
76	43	51	01	71	74	66	61	32	20	08	37	55	43	16	41	01	71	11	44	88
77	29	30	05	54	29	50	54	87	35	45	69	69	94	67	89	66	25	38	13	36
78	88	11	54	97	33	76	53	86	04	11	89	27	09	43	29	68	96	11	35	44
79	92	31	68	87	08	91	20	81	02	67	67	97	20	65	33	16	09	38	27	76
80	52	20	37	47	96	98	53	49	23	16	60	88	42	67	46	52	80	29	63	41
81	63	68	81	12	65	75	77	46	01	77	95	85	25	74	82	19	68	58	77	93
82	09	81	14	75	10	96	99	15	70	03	27	87	54	98	82	82	86	97	42	37
83	32	07	65	74	58	46	20	14	11	66	23	50	94	03	57	60	14	86	96	68
84	04	63	48	98	66	52	21	59	05	61	08	22	10	19	97	17	37	51	39	54
85	90	67	52	22	52	08	51	60	01	06	78	01	80	38	30	61	75	32	66	60
86	89	70	69	73	66	28	74	41	55	89	33	34	34	54	07	82	71	03	62	76
87	46	25	32	28	38	05	50	46	69	77	58	52	33	69	35	58	01	67	12	23
88	14	43	01	84	47	35	32	59	90	29	59	26	85	23	10	25	64	15	00	15
89	65	05	31	62	40	57	40	22	44	63	46	69	27	11	09	92	21	74	41
90	62	97	72	57	04	93	34	35	93	07	65	71	71	59	58	95	85	46	32	44
91	00	33	26	81	26	44	20	62	66	76	78	19	59	72	83	31	11	16	35	63
92	49	11	59	58	02	78	37	49	68	94	34	54	71	70	43	67	02	89	76	81
93	99	52	66	19	26	77	18	44	65	73	64	53	82	34	41	24	91	05	69	87
94	68	41	27	52	08	82	25	80	19	55	55	68	62	25	25	28	99	40	16	13
95	27	65	13	74	19	88	99	02	23	56	17	24	39	27	71	01	27	32	91	20
96	63	73	88	02	45	78	51	38	06	90	14	95	29	65	07	53	06	89	28	92
97	46	18	83	17	24	16	15	29	73	10	42	54	47	08	76	78	32	38	73	94
98	48	31	92	47	67	53	54	23	98	83	61	26	29	52	41	20	05	31	63	70
99	22	90	24	75	75	39	70	50	88	22	61	91	73	34	66	15	98	59	23	12
100	57	78	78	46	23	82	16	50	08	13	67	00	90	82	06	04	92	31	95	91

附錄
Appendix

中國工業工程學會工業工程師
證照考試簡章

一、報名辦法

（一）報名方式

1. 本簡章及相關資訊同時建置於本學會網站，請自行上網點閱或下載列印，不另行販售。

2. 一律採網路報名(報名系統網址：http://ciie.pomost.com.tw)方式辦理，不受理現場與通訊報名，為免網路壅塞，請儘早上網報名。不用列印報名表寄至本學會，僅需完成線上報名與繳費即可。

3. 請按照網路報名程序確實填寫各項報名資訊；報名資料應力求詳實，以免影響應試人權益。

4. 考生請先詳閱簡章內容，請慎重考慮後再報名，完成報名及繳費程序後，不得以任何理由要求退還報名費、變更總考科數。

（二）報名身分限制

　　本證照考試限符合以下身份之一者報考：

1. 於國內外專科以上學校，修習欲報考科目課程或相關課程並取得學分且有證明文件者。

2. 曾從事相關之服務經驗，且能提供服務證明者。

3. 曾在國內外學校或公司機構修習該課程，且持有結業證書者。

　　線上報名登入時，僅個人報名且非會員者，需上傳相關證件，其餘身份者免。相關證件包含學生證、相關科系畢業證書、服務證明（或公司識別證影本）、相關課程結業證書等。

二、考試科目與評定

（一）考試科目：生產與作業管理、品質管理、設施規劃、工程經濟、作業研究、工作研究、人因工程。可單報一科或多項報考。
（備註：工作研究與服務管理為每年第一次證照考試的考科，人因工程為第二次考試）

（二）成績評定：每一科目以 100 分為滿分，成績 60 分（含）以上者為及格。

三、證照種類

（一）工業工程師證照
須通過下列兩科必考科目及其中一科選考科目：
必考科目：生產與作業管理、品質管理
選考科目：設施規劃、工程經濟、作業研究、工作研究、人因工程
（備註：工作研究考科為每年第一次考試的科目，人因工程為第二次考試科目）

（二）生產與作業管理技術師證照
須通過下列必考科目：
必考科目：生產與作業管理

（三）品質管理技術師證照
須通過下列必考科目：
必考科目：品質管理

四、證照說明

（一）各證照採認狀況如下：

1. 「工業工程師證照」經教育部「技專院校入學測驗中心」認可，分別登錄於「科技大學評鑑」基本資料庫（編號 5154）與「民間職業能力鑑定證書」（97 年度編號 2），作為評鑑指標。

2. 生產與作業管理技術師證照：已登錄於「科技大學評鑑」基本資料庫，編號 6582。「民間職業能力鑑定證書」（100 年度編號 1）。

3. 品質管理技術師證照：已登錄於「科技大學評鑑」基本資料庫，編號 6581。

（二） 未達工業工程師資格者，其單項考科及格，則核發「單科合格證」以資證明。請妥善保管，俟符合資格時換發工業工程師證照。

（三） 99 年度起新增之「生產與作業管理技術師證照」與「品質管理技術師證照」，核發採既往不朔，自 99 年度起通過者始可取得，以前年度考取者恕不核發。

（四） 目前本學會核發之三種證照皆無期限限制，可先通過二科必考，再於之後單獨報考一科選考科目，俟符合工業工程師證照資格者，皆可領取。

附 錄

Appendix

必考科目綱要

科　目	考試範圍
生產與作業管理	1. 銷售預測 2. 總合規劃 3. 產能規劃 4. 庫存管理 5. 物料需求管理 6. 生產線平衡 7. 生產排程／工廠管理 8. 供應鏈管理
品質管理	1. 品質管理概論 2. 全面品質管理 3. 品質改善活動 4. 統計方法與品質管理 5. 統計製程管制與管制圖 6. 計量值管制圖 7. 計數值管制圖 8. 製程能力分析與製程能力指標 9. 驗收抽樣計畫 10. 計量值抽樣計畫 11. 品質標準與品質獎
工作研究 （每年第一次考試的科目）	1. 程序研究 2. 作業分析 3. 動作分析 4. 影片分析 5. 馬錶測時 6. 評比 7. 寬放 8. 工作抽查 9. 方法時間衡量(MTM) 10. 標準資料法

科　　目	考試範圍
人因工程 （每年第二次考試的科目）	1. 工作設計 2. 工作站（設備、工具）佈置與設計 3. 安全資訊與警告標示 4. 作業環境設計（照明與噪音） 5. 人體計測、人體力學與生理負荷 6. 感覺系統（視覺、聽覺、觸覺）與人員訊息處理 7. 心智負荷 8. 人機介面設計（顯示器與控制器） 9. 人為失誤與人為可靠度
作業研究	1. 作業研究概論 2. 線性規劃概論 3. 單純法 4. 對偶理論 5. 敏感度與參數分析 6. 運輸與指派問題 7. 網路分析 8. 專案管理
工程經濟	1. 工程經濟概論 2. 成本觀念與設計經濟學 3. 價值－時間關係與等值 4. 價值－時間關係之應用 5. 方案比較 6. 折舊與所得稅 7. 價格變動與匯率 8. 重置分析 9. 益／本比法評估專案 10. 資金籌措與分配
設施規劃	1. 廠址選擇問題 2. 工廠佈置基本類型分析 3. 系統化佈置規劃程序 4. 電腦輔助佈置工具應用 5. 勞務作業之佈置規劃 6. 服務業之佈置應用 7. 物料搬運原則之應用 8. 物料搬運設備之評估選擇 9. 倉儲及物流系統規劃 10. 自動化物料搬運系統

參考資料  Reference

- 林清河（民 88）。**工作研究**，第三版。華泰書局。

- 曲延壽、楊延實（民 64）。**工時學**，第三版。正中書局。

- 杜烱烽等。**工作研究研習班講義**。中國生產力中心。

- 杜烱烽、張清波、張叔平（民 79）。**工作研究**。泰勒書局。

- 李再長、黃雪玲、李永輝、王明揚（民 94）。**人因工程**，第一版。華泰書局。

- 周道（民 74）。**工作簡化－工作研究、工時學**，第五版。中華企業管理發展中心。

- 洪銀忠（民 89）。**作業環境控制工程**，第一版。揚智書局。

- 陳文哲、楊銘賢、杜壯、侯東旭（民 74）。**工業工程與管理**，修訂版。中興管理顧問公司。

- 陳文哲、葉宏謨（民 91）。**工作研究**，十訂版。中興管理顧問公司。

- 陳淨修（民 91）。**物理性因子作業環境測定**，第一版。新文京開發。

- 莊侑哲（民 86）。**工業衛生**，第一版。高立書局。

- 張高雄（民 82）。**方法時間衡量 MTM-1A 使用手冊**。佳銳管理公司。

- 許勝雄、彭游、吳水丕（民 93）。**人因工程**，第三版。滄海書局。

- 楊延實（民 68）。**工作研究**，修訂版。世偉印刷公司。

- 盧淵源（民 77）。**方法時間衡量系列技術**。華泰書局。

- 蕭堯仁、陳正芳、馮景如、陳一郎（民 89）。**工作研究**，第十版。前程企管公司。

- Antis, W., Honeycutt, Jr. J. M., & Koch, E. N. (1968). *The Basic Motions of MTM*. 2nd ed. Pittsburgh: The Maynard Foundation.

· ASME (1974). *ASME Standard – Operation and Flow Process Charts*, ANSI Y15.3-1974. New York, NY: American Society of Mechanical Engineers.

· Barsalou, M. A. (2016). The Quality Improvement Field Guide: Achieving and Maintaining Value in Your Organization, New York: CRC Press.

· Brisley, C. L., & Eady, K. (1982). *Predetermined Motion Time Systems.* In Handbook of Industrial Engineering. Ed. Gavriel Salvendy. New York: John Wiley & Sons.

· Carrasco, C., Coleman, N., & Healey S. (1995). Packing products for customers. *Applied Ergonomics, 26*(2), 101-108.

· Choobineh, A. R., Hosseini, M., Lahmi, M. A., Jazani, R. K., & Shahnavaz, H. (2007). Musculoskeletal problems in Iranian hand-woven carpet industry: Guidelines for workstation design, *Applied Ergonomics, 38*(5), 617-624.

· Choobineh, A., Lahmi, M. A., Hosseini, M., Shahnavaz, H., & Khani Jazani, R. (2004). Workstation design in carpet hand-weaving operation: guidelines for prevention of musculoskeletal disorders. *International Journal of Occupational Safety and Ergonomics, 10*(4), 411-424.

· Das, B., & Sengupta, A. K. (1996). Industrial workstation design: A systematic ergonomics approach. *Applied Ergonomics, 27*(3), 157-163.

· Delleman, N., & Dul, J. (2002). Sewing machine operation: workstation adjustment, working posture, and workers' perceptions. *International Journal of Industrial Ergonomics, 30*, 341-353.

· Ferguson, D. S. (1997). Work measurement: don't call it, time and motion study. *IIE Solutions, 29*(5), 22-23.

· Imail, M. (1986). Kaizen: The key to Japans competitive success. New York: McGraw Hill.

· Jung, H. S. (2005). A prototype of an adjustable table and an adjustable chair for schools. *Industrial Journal of Industrial Ergonomics, 35*, 955-969.

· Liker, J. K. (1998). *Becoming lean: inside stories of US manufactures.* Cambridge: Mass: Productive Press.

· Munel, M. E. (1985). *Motion and Time Study Improving Productivity.* 6th ed. New Jersey: Prentice-Hall.

· Niebel, B., & Freivalds, A. (2003). *Methods, standards, and work design.* New York, NY: McGraw-Hill.

· Saunders, B. W. (1982). The industrial engineering profession. In *Handbook of Industrial Engineering.* Gavriel Salvendy (ed.). New York, NY: John Wiley & Sons.

· Schwab, J. L. (1972). *Methods Time Measuement.* In Industrial Engineering Handbook. 3nd ed. Ed. Maynard H. B. New York: McGraw-Hill.

· Sparks, C., & Greiner, M. (1997). U. S. and foreign productivity and unit labor costs. *Monthly Labor Review*, February, 26-49.

· Stevenson, W. J. (2005). *Operations management*, 8th ed. New York, NY: McGraw-Hill.

· Womack, J., & Jones, D. T. (1996). Lean thinking. New York: Simon & Schuster.

MEMO

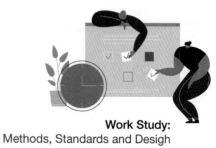

Work Study:
Methods, Standards and Desigh

MEMO

Work Study:
Methods, Standards and Desigh

國家圖書館出版品預行編目資料

工作研究:方法、標準與設計 / 劉伯祥等編著.
--四版.--新北市:新文京開發,2019.08
面 ; 公分

ISBN 978-986-430-548-3(平裝)

1.工作研究

494.54 108013517

工作研究─方法、標準與設計（第四版） （書號：A294e4）

編 著 者	劉伯祥 徐志宏 賈棟忠 曾賢裕
出 版 者	新文京開發出版股份有限公司
地 址	新北市中和區中山路二段 362 號 9 樓
電 話	(02) 2244-8188（代表號）
F A X	(02) 2244-8189
郵 撥	1958730-2
初 版	西元 2007 年 12 月 20 日
二 版	西元 2015 年 01 月 15 日
三 版	西元 2017 年 09 月 01 日
四 版	西元 2019 年 09 月 15 日

New Wun Ching Developmental Publishing Co., Ltd.

New Age · New Choice · The Best Selected Educational Publications — NEW WCDP